玩转乐高 EV3：
搭建和编程 AI 机器人

［美］ 凯尔·马克兰（Kyle Markland） 著

孟辉 姚力 林业渊 韦皓文 译

U0209497

机械工业出版社

人工智能（AI）是未来的大势所趋，对于青少年 AI 教育、STEAM 教育来说，乐高 EV3 机器人是一个对青少年和成年人都充满强烈吸引力，并且有趣、好玩又培养创造力和动手能力的高效教育手段。

　　本书通过从初级到高级的 6 个 EV3 项目，讲解智能机器人的搭建和编程知识，并以实际生活中的 AI 机器人应用与之相对应；帮助读者全面深入掌握 EV3 技能与了解 AI 应用，开发制作出自己的智能机器人。

　　学习创造是一种乐趣，本书适合任何对机器人感兴趣、想学习搭建和编程的读者，无论你是青少年还是成年人，都可以获得创造的乐趣。

原 书 序

　　20 年前，世界上出现了一种并不完全由塑料制成的黄色乐高砖块，由 6 节 AA 电池供电、有 3 路输入和 3 路输出的 RCX 诞生了，由此乐高公司推出了将机器人和乐高平台结合在一起的新品牌——乐高头脑风暴系列。这个编程与搭建相结合的产物对我的职业生涯产生了莫大的影响，对数百万孩子也是如此。

　　现在乐高头脑风暴 EV3 机器人依然在激发孩子们的创造力。但是，如同所有的新技术一样，EV3 的入门学习可能很困难。Kyle（网名 Builderdude35）是头脑风暴社区的基石，多年来一直通过自己的 You-Tube 频道向孩子和成年人介绍乐高头脑风暴。在本书中，Kyle 编写了优秀的课程内容，帮助新手和高级用户进行学习。本书内容从介绍读取真实世界数据的传感器到基于 GPS 的导航编程，为想成为机器人专家的人们提供了一套独特的 EV3 项目。

　　除了基础内容之外，Kyle 还展示了他自己创建的标志性机器人——"鲨鱼"和"魔兽"，通过这两种机器人介绍人机交互，以及如何让机器人更引人注目、如何为机器人赋予性格特征。本书是 Kyle 与社区分享智慧的另一例证，你必定会从中发现一些新的东西，把头脑风暴的魔法分享给他人吧！

Andy Milluzzi
乐高头脑风暴社区合作伙伴（LMCP）

本书展示了从初级到高级共 6 个 EV3 项目，每一章用示例讲解一个项目的搭建和编程概念，并以实际生活中的智能机器人应用与之相对应。每章的内容都以前一章的知识为基础，让你逐步掌握 EV3 的相关知识，并在最后一章完成最难的项目。当你读完本书时，将完全掌握 EV3 的技能，能开发制作出你自己的智能机器人了。

乐高头脑风暴 EV3 是一款适合各年龄段和各层次技能水平爱好者的机器人平台。自 RCX 以来，乐高头脑风暴机器人成为整整一代人的机器人，EV3 是第三代头脑风暴产品，许多年轻的爱好者用它开始了机器人的学习之旅，用乐高科技系列零件搭建机器人结构，使用传感器让机器人能够响应环境，最后在计算机上用独特的图形化软件编写程序并下载到 EV3 程序块上，让机器人焕发活力。EV3 已经成为学校、家庭以及 FLL 机器人比赛中的主角，全球的教育工作者都充分认识到了它的教育价值，它不仅是良好的学习工具，同时也为你带来了乐高的乐趣。

本书适合对象

本书适合任何对机器人感兴趣、想学习搭建和编程的读者，阅读本书之前，应先熟悉有关 EV3 图形化编程和乐高科技系列搭建的基本知识。

本书涵盖内容

第 1 章，智能机器人简介。解释了机器人必须具备哪些素质才会被认为是智能的，讨论了现实世界中两个智能机器人的例子。本章还介绍了乐高头脑风暴机器人平台和本书中包含的 6 个机器人项目。

第 2 章，防卫坦克——目标追踪机器人。介绍坦克式驱动的工作原理，以及传动比、转台、凸轮、EV3 红外传感器等概念和组件，探讨了在智能机器人中使用比例逻辑的优势，并简要介绍了应用比例逻辑的信标跟随程序。

第 3 章，欧姆尼陆地车——超级全地形车。再次使用坦克履带，搭建能适应崎岖地形的越野车辆。介绍了蜗轮、齿轮齿条和离合器等高级结构，讲解了如何为坦克式机器人编写遥控程序，并解释了如何使用接近传感器编写自动防撞程序。

第 4 章，蒂米顿鲨鱼——交互式机器人。结构紧凑，创新的自定义 GUI（Graphical User Interface，图形用户界面）将多个程序合并为一体。使用了颜色传感器，大量程序功能让这条"鲨鱼"拥有了生命。

第 5 章，格兰特魔兽——古怪的双足机器人。这是一个用 EV3 构建的简单步行机器人，本章展示了如何用机器人的外观设计展示其个性，描述了嵌套切换模块如何使机器人做出决策，并列出了如何用程序功能为兽人提供丰富的交互特性。

第6章，猎鹰——遥控赛车。本章解释了如何构建现实世界中的汽车传动系统和转向系统，演示了如何用编程的方式让汽车转向系统自动回中，介绍了汽车式机器人的遥控程序，并讲解了"我的模块"基础知识。

第7章，GPS车——自主EV3导航。本章介绍了两种导航传感器（GPS传感器和指南针传感器），并讲解了它们的基础知识；描述了如何在猎鹰的基础上添加这些传感器，讲解了如何编写程序让机器人使用传感器自主导航到用户定义的GPS坐标处。

如何充分利用这本书

● 在你计算机上安装EV3家庭版软件（版本1.22或更高），该软件可以从https://www.lego.com/zh-cn/mindstorms/downloads下载。

● 花些时间熟悉EV3。它是图形化编程软件，以将代码模块连接在一起的方式编写程序。你应该知道模块的名称，以及可以在哪个选项卡中找到它。你还应该熟悉如何拖拽模块，把它放入程序中，知道如何更改模块的模式，并基本了解各个模块的功能。

● 熟悉EV3程序块并了解使用它的基础知识。了解如何打开和关闭电源、通过USB线缆从计算机下载程序、浏览菜单以选择要运行的程序，并在必要时更换电池。

● 你应该拥有使用乐高科技零件进行搭建的经验。本书中的所有机器人都是使用科技零件制作的。

● 你可以选择在计算机上安装LEGO Digital Designer（LDD）4.3版。可以从https://www.lego.com/en-us/ldd/download下载LDD软件。LDD是一个乐高CAD程序，可以用来构建和查看乐高数字模型，它还能为数字模型生成搭建说明书。LDD软件会为你学习本书中的项目提供指导。你可以从http://builderdude35.com/downloads-2/或中文乐高论坛上的本书专版中下载每个项目的LDD文件（.lxf），并使用LDD软件打开它们。

● 除了EV3家庭版套装（31313）之外，你还需要为本书包含的项目准备额外的乐高科技零件（唯一的例外是蒂米顿鲨鱼项目，只用EV3家庭版套装中的零件即可完成它）。你可以使用LDD生成零件清单，这能帮助你了解需要多少其他科技零件。在"第7章 GPS车——自主EV3导航"中，你还需要准备Dexter Industries和HiTechnic的第三方传感器。

● 在开始编程之前，请将EV3程序块上的固件更新为1.09H或更新的版本，执行以下步骤完成固件更新：

1）在计算机上启动EV3家庭版软件。

2）打开EV3程序块，并用USB线缆将其与计算机连接。

3）在EV3软件中打开一个新项目。

4）导航到"工具-固件升级"。

5）如果1.09H版本尚不可用，请从https://www.lego.com/en-us/mindstorms/下载。

6）选择固件版本 1.09H（或更新的版本），单击"更新固件"，等待更新完成。EV3 程序块将重新启动。

下载本书各项目的内容

在中文乐高论坛为本书设立了专版，你可以在此下载本书各个项目的搭建说明（LDD 文件）、程序（. EV3 文件）和运行视频。你还可以在此发表本书的学习和使用心得、提出问题或留下评论，与阅读本书的读者共同分享。

本书图标的含义

 警告或重要说明

 提示和技巧

目　录

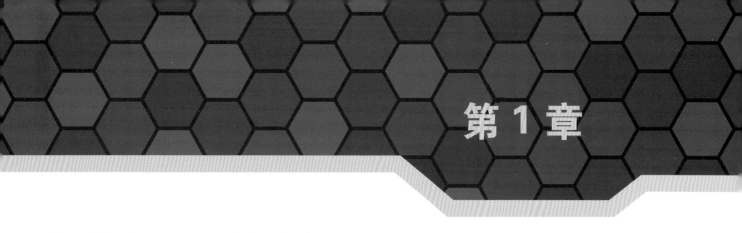

第 1 章

智能机器人简介

什么是智能机器人？在技术革新高速发展的今天，"智能"一词被应用到各种设备上，如智能手机、智能手表、智能电视，这个名单还在不断被加长。这个词甚至出现在本书的书名里（AI 机器人）！但是当我们说到机器人是智能的，这意味着什么呢？智能机器人能做什么，它们是如何完成任务的？

什么使机器人变得智能

谈论智能机器人时，我们指的并不一定是科幻电影中的高级人工智能或赢得"危险边缘挑战赛"（Jeopardy！，美国最流行的智力问答竞赛节目，创办于 1964 年。——译者注）的超级计算机，它们真的非常聪明，但智能机器人的定义要广泛得多，甚至包括一些你最初根本没有想到的智能设备。

智能机器人是指使用传感器测量环境状态并根据一组预编程指令决定下一步该做什么的设备，它们用计算机或控制器充当大脑，能处理传感器信息并解释这些指令。你可以把加载到机器人中的软件看作智能机器人所遵循的指令集，软件编程控制智能机器人进行观察，然后根据观察结果做出决定。当然，人们首先必须建造机器人和编写软件，但此后智能机器人可以自主运行而不需要人为干预。

简单地说，智能机器人是一种机器，它能完成以下所有的事情或具有以下所有的特征：

- 它能够遵循用户或工程师指定的一系列预编程指令。
- 它对外界进行观察。
- 它有一个中央计算机或其他类型的控制器，可以解释软件中的指令和传感器的数据。
- 它可以根据观察结果，遵循程序中定义的指令做出决定并响应。
- 它能够自动完成前面所有步骤，无须人工干预。

在没有人帮助的情况下自行做出决定的能力是机器人变得智能的原因，机器人可以自行做出的决策越多，它就越智能。

除了前面提到的两个例子，一些更简单的设备也符合这个定义，如扫地机器人就是一个智能机器人！

现实世界智能机器人的例子

这个定义可能有些抽象，所以我们用两个现实世界中的例子来说明它。我们先讨论一个简单的智能机器人——扫地机器人（见图 1-1），然后讨论一个更复杂的例子——自动驾驶汽车。

扫地机器人

它可能很简单，但它仍然是智能机器人，满足我们定义的所有要点：

● 它遵循一系列预编程指令：扫地机器人的控制单元上预先安装了清洁程序。开发该产品的工程师已经整理了机器人在清洁地板时需要做的事情，软件在出厂前已安装在每个机器人上。客户购买机器人后，所要做的就是充电，然后开机，机器人就会按照工程师在软件中定义的指令开始工作了。

● 它对外界进行观察：扫地机器人身上安装了一些传感器，可以观察它在房间中的位置。在机器人的前部，有一个配备了碰撞传感器的保险杠。当机器人与墙壁碰撞时，碰撞传感器被按下，机器人知道它已经到达房间尽头了。

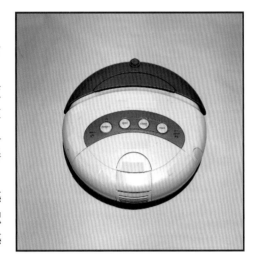

图 1-1

用户还可以用红外发射器设置虚拟栅栏，将机器人限制在一个区域里。机器人配备了红外传感器，可以检测到这个虚拟的栅栏，告诉机器人已经达到了清洁区域的末端。

> ℹ️ 红外线是一种人类不可见的光线。机器人可以配备检测红外线的专用传感器。这是一种为机器人设置屏障的简便方法，因为人类不能看到或触摸到红外线光，所以不会对人类的行动造成妨碍。

机器人的充电板上有一个红外信标，完成工作之后，机器人使用红外传感器导航回到充电板，为电池充电（见图 1-2）。

● 它有一个解释指令和传感器数据的中央计算机/控制器：扫地机器人有一个中央控制器，用于运行工厂设置的软件，并从碰撞传感器和红外传感器接收输入信息。虽然这个中央控制器并不是一台功能强大的超级计算机，但它有能力解释软件和传感器测量值，以决定下一步该做什么。

● 它可以根据观察结果，遵循程序中定义的指令做出决定并响应：机器人按照软件指定的程序进行清洁工作。传感器告诉机器人何时需要改变路线，当碰撞传感器检测到机器人与墙壁发生物理碰撞，或者红外传感器检测到看不见的虚拟栅栏，则机器人知道它已到达清洁区域的末端，它通过向不同方向转向和移动的方式来做出反应。机器人根据传感器的测量结果决定改变其航向。

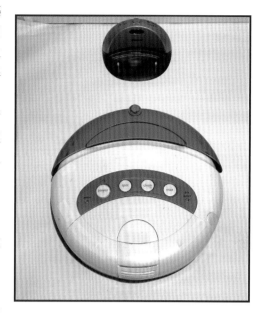

图　1-2

● **它自动完成所有这些步骤**：机器人在没有人帮助的情况下完成所有工作，它在房间边界之内清理地板，并在完成时返回到基地进行充电。它唯一需要人力帮助的就是更换吸尘袋。

自动驾驶汽车

自动驾驶汽车是更为复杂的智能机器人，但它仍然符合我们之前的定义：

● **它能够遵循用户或工程师指定的一系列预编程指令**：工程师开发出控制汽车自动驾驶的高级软件，他们为保证汽车自动行驶和遵守法律的所有条件编写了程序，汽车在行驶中也会按照程序进行自我学习！

● **它对外界进行观察**：驾驶是一项非常复杂的任务，对机器人来说尤其是这样，所以自动驾驶汽车需要接收大量周围环境的信息。GPS 接收器告诉汽车在世界上的位置；此外，还需要在路上进行观察，以免碰到物体、行人和其他汽车。自动驾驶汽车可以使用各种各样的超声波传感器、激光雷达、机器视觉和更多的监测仪器以了解汽车周围发生的事情。

● **它有一个中央计算机或其他类型的控制器，可以解释软件中的指令和传感器的数据**：一辆自动驾驶汽车有多台计算机一起工作，处理传感器数据、运行软件并管理汽车对道路的响应。因为需要在很短时间内完成大量信息管理和反应，所以这些计算机必须非常强大。

● **它可以根据观察结果，遵循程序中定义的指令做出决定并响应**：GPS 接收器告诉车辆当前正在行驶的道路以及目的地与当前位置之间的关系，自动驾驶汽车做出反应，以适当的转向动作让汽车到达目的地。接近传感器和视觉传感器有助于保证汽车安全。如果在道路上检测到物体，汽车会停下来或者避开它。如果汽车的视觉系统看到停车标志或红灯，则车辆会停下来。如果车道传感器检测到车辆靠近车道边缘，则车辆自己会转向车道中心。如果接近传感器检测到车辆与前方的车辆过于靠近，则自动驾驶汽车会减速以保持与其他车辆的安全距离。传感器为汽车提供了调节驾驶所需的信息，计算机根据这些信息确定最佳行动方案，其结果就是自动驾驶汽车安全抵达目的地。

● **它能够自动完成前面所有步骤**：自动驾驶汽车遵守所有道路规则，且无须驾驶员干涉即可到达目的地。毕竟这种车辆的目的就是能够自行导航！由于它需要处理大量信息并在完成任务时做出大量的决策，因此它是非常智能的机器人！

EV3 与智能机器人

乐高头脑风暴 EV3 很适合用来制作智能机器人，原因如下：

- 不同技术水平的机器人爱好者都可以用它来制作机器人原型。
- 它包含一套很酷的传感器，可以用于收集环境信息。
- 它有自己独特、直观的编程语言和开发环境，可以用来为智能机器人编写控制程序。
- 它包含让机器人与环境进行交互的电机和其他硬件。
- EV3 程序块就是机器人的大脑，它能运行程序、处理来自传感器的信息，做出决定并控制电机。

EV3 机器人平台易于使用，包含了我们构建智能机器人所需要的一切。

本书内容

本书将带你一起学习六个项目：

- 防卫坦克，用红外传感器跟踪信标和让炮塔瞄准目标。该项目展示了跟踪信标的红外技术，以及使用比例控制实现平滑反馈系统。

- 欧姆尼陆地车，使用了重型坦克履带，能爬上陡坡，特殊的结构使其拥有能跨越垂直障碍物的能力。该项目展示了全地形导航中轨迹的有效性，还展示了蜗轮、齿轮齿条和离合器等机械结构的作用。

- 交互式鲨鱼机器人，拥有自定义 GUI，可以让用户从主程序的多个功能中做出选择。该项目将机器人的各项功能集合展示出来，以创建有趣的互动体验。它还展示了如何使用更友好的用户界面在不同的程序之间进行导航。

- 兽人机器人，拥有自己头脑的双足机器人！该机器人使用一组传感器来检测附近的人，并做出反应。这个项目展示了如何做出流畅、逼真的动作，并创建丰富的互动体验，特殊的编程和精心的视觉设计给这个古怪的"生物"赋予了独特个性。

- 猎鹰机器人，一款使用红外遥控器和红外传感器控制的快速赛车。该项目包含了智能转向回中程序。

- GPS 汽车，安装了 GPS 传感器和数字罗盘，可以按照用户输入的坐标值自动导航到目的地。该项目展示了 GPS 导航原理以及在现实世界中 GPS 如何应用于自动驾驶汽车。

这些 EV3 机器人都是小型智能机器人，展示了现实世界的智能机器人概念。当你完成这些项目后，你不仅可以对机器人有所了解，还能了解到现实世界中的智能机器人是如何构建和编程的，以及了解机器人背后的工程概念。

总结

让我们快速回顾一下在本章中学到的东西。

我们了解到，智能机器人是以自主决策的形式融入某种程度智能水平的机器人。智能机器人使用传感器对外部世界进行观察，然后按程序指令根据观察结果做出决定。

我们将两个真实世界的智能机器人例子与智能机器人的定义进行了对照：扫地机器人和自动驾驶汽车，并且讨论了它们是否满足智能机器人的每项标准。

我们还讨论了为什么会在本书中使用 EV3 机器人平台来做智能机器人项目的原型设计。

最后，我们列出了本书中包含的六个项目，指明了这些机器人可以做哪些很酷的事情，以及它们如何帮助我们理解现实世界中的智能机器人。

在下一章中，我们将介绍第一个项目，防卫坦克！

第 2 章

防卫坦克——目标追踪机器人

是时候进行我们的第一个项目了！在本章中，我们将完成一个小型 EV3 坦克，它能追踪红外信标，并用炮塔瞄准信标。你可以把它想象成微型坦克模型，用它来保护你的房间免受入侵者的侵害！

这个项目演示了现实世界中的智能机器人如何使用红外技术。我们曾在第 1 章中简单提及了这一技术，红外是指人眼不可见的光波长，但是机器人可以使用能检测红外线的传感器。这就使得红外线成为一种便捷的方式，可以把信息无形地发送给机器人，或者让机器人看到人类看不见的东西。

EV3 遥控器可以作为连续发射红外信号的信标。本章中的坦克将安装两个 EV3 传感器，用于测量红外信标的航向和距离。利用这些信息，机器人可以用炮塔瞄准信标，也可以引导自己的行动轨迹，让信标始终保持在视线内。

我们还将演示智能机器人中常见的一些机械概念，你将了解履带、转台、凸轮和齿轮减速的应用。

图　2-1

ℹ️　　你可以在中文乐高论坛本书专版中下载该项目的 LDD 文件。这是一个乐高 CAD 文件，可以用 LEGO Digital Designer 程序打开，该程序可以免费下载。当你使用该程序打开文件时，你可以查看项目的 3D 模型并生成搭建说明和零件清单。

让我们先完成坦克的搭建（见图 2-1）。

技术要求

你的计算机上必须安装 EV3 家庭版软件 V1.2.2 或更高版本，还应该安装乐高数字设计师（LDD）V4.3 及以上版本的软件。

本章的 LDD 和 EV3 文件可以在中文乐高论坛下载，下载地址：

http://bbs.cmnxt.com/forum-162-1.html

在此还可看到机器人的运行视频。

机械设计

首先，我们来看看防卫坦克的各部分结构。

传动系统

传动系统是指让机器人移动的机械系统。防卫坦克的传动系统其实很简单，它使用了履带。

坦克履带由皮带或链条组成，至少横跨两个轮子或滑轮。履带成对使用，车辆的两侧各有一条。履带为机器人形成了两个大大的连续接触面，可以让坦克在任何类型的地面上都有最大的牵引力。改变左右履带之间的动力分配可以使机器人转向，这就是坦克式转向。

我们的防卫坦克配备了两条履带，使用坦克式转向方式。每条履带由一个 EV3 大型电机驱动；左侧的 EV3 大型电机接入电机端口 B，驱动左侧履带；右侧的 EV3 大型电机接入电机端口 C，驱动右侧履带。

EV3 电机和履带之间没有传动装置，电机直接驱动履带，这是一个紧凑、坚固且简单的驱动系统，缺点是坦克开得很慢。但这个项目不是要建造一台快速度的机器，我们将在本书的后面介绍这个内容。

看一下机器人的底面，你能看到两个驱动电机，每个电机驱动一条履带（见图 2-2）。

还有两件事需要注意：

第一件事是 EV3 程序块安装在机器人底部，位于两个驱动电机之间，朝向地面。程序块实际上是底盘结构的一部分，在这里

图 2-2

安装 EV3 程序块让坦克非常紧凑，但使用起来并不方便，你需要抬起机器人才能在程序块上进行操作。这是你在设计机器人时可能要面临某些折中情况的一个例子，你需要问问自己，哪个对正在构建的机器人更为重要：完成机械目标，还是保持用户的易用性（人体工程学）。在本项目中，我们牺牲了易用性来构建更整洁、更紧凑的机器人。

第二件事你可能已经注意到了，右侧驱动电机上有一个小小的滑轮，这个滑轮驱动了一条绕在坦克前部尖刺滚筒上的橡皮筋，坦克开动时，滚筒也会转动。这是一个巧妙的方法，你可以用一个电机完成多个任务！

炮塔

炮塔由安装在坦克顶部的两门大炮组成。炮塔可以来回转动，瞄准红外信标，弹射出乐高小球。它由两个 EV3 中型电机驱动（见图 2-3）。

让我们仔细看看炮塔的每个部分是如何工作的！

1. 发射

坦克顶部的两门大炮能发射乐高小球，用专为此功能设计的特殊乐高零件搭建而成。两门大炮由同一个 EV3 中型电机驱动，该电机接入电机端口 A。

电机通过一个 90°齿轮连接将动力分配给两门大炮。两边各有一个凸轮机构，当电机旋转时，凸轮推动推杆在弹射零件中来回滑动，当凸轮将推杆推入前方位置时，它从弹射零件中高速弹出一个小球，炮塔就是这样发射乐高小球的。电机继续带动凸轮旋转，推杆向后滑动，为另一个小球腾出空间，大炮重新装载小球。只要简单地控制电机向一个方向连续旋转，两门大炮就能完成发射小球、装载小球的过程，并可以不断重复（见图 2-4）。

图 2-3

图 2-4

两门炮同时作战，它们的凸轮错开 180°，交替发射炮弹。这样做可以使射击更顺畅，一门炮装载炮弹时，另一门炮发射炮弹；另外，这样做还可以平衡电机的负载，发射炮弹时电机需要施加力量，因此两个凸轮相对安装可以减小负载，使电机更易于控制。

90°连接的传动比为 1.67∶1，就是说电机转动 1.67 圈才能使凸轮转动 1 圈。除了减慢旋转速度之外，还增加了电机施加到球体的转矩并进一步降低了电机的负载。

> 传动比在机械工程是必不可少的，其可以改变机构的速度和转矩。在这里，传动比用于增加电机的转矩，并帮助电机发射炮弹小球。我们将在下一章构建欧姆尼陆地车时更详细地探讨传动比。

图 2-5 就是炮塔机构，弹药仓已经被拿掉了，我们可以看得更清楚。

2. 弹药仓

每门大炮上面都有一个高高的筒仓，可以容纳更多的球体。每个筒仓最多可容纳 7 个球体，总容量为14 个。筒仓在发射炮弹后重新装填大炮，一个球体发射后，另一个球体在重力作用下落入大炮中以填补它的位置（见图 2-6）。

图 2-5

图 2-6

虽然弹药仓是坦克设计的必要组成部分，但它们非常难看。这是可能需要对智能机器人的功能设计和外观设计做出权衡的另一个示例，有时候很难做出一个既漂亮又完全符合功能要求的机器人。

3. 旋转

坦克也要能瞄准信标。整个炮塔组件安装在一个转台上，它可以左右转动。转台由 EV3 中型电机供电，连接到电机端口 D。见图 2-7。

图　2-7

该电机位于机器人后部的右侧。它通过 90° 齿轮连接来传递动力，这与发射炮弹小球的机构非常相似。但是炮塔回转机构还有另一组齿轮——24 齿齿轮与转台。电机和转台的整体传动比为 4.17∶1，电机转动 4.17 圈才能使转台旋转 360°。这比大炮的传动比要慢很多，减缓炮塔的旋转速度，可以使其运动更精确、更易于控制。见图 2-8。

尖刺滚筒

这是提升坦克视觉效果的额外花样！它并不具有特定的机械功能，但是可以让坦克看起来棒极了。见图 2-9。

图　2-8

图　2-9

这个大大的尖刺滚筒让坦克看起来很具威胁性。在本章的前面，我们曾讨论了如何用橡皮筋和滑轮将滚筒与一个电机连接起来，当坦克移动时，滚筒也会一起转动。

这个滚筒是一个自制的 3D 打印部件，你可以在下载坦克 LDD 文件的页面上找到滚筒的 3D 打印文件（见图 2-10）。

如果你无法打印 3D 部件，或者更愿意在项目中只使用乐高零件，可以使用另一种乐高轮毂零件代替尖刺滚筒（见图 2-11）。

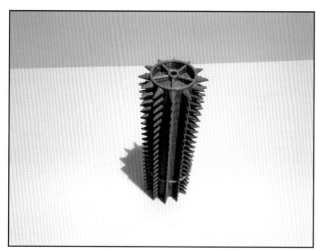

图 2-10

图 2-11

滚筒增大了坦克的尺寸，且让坦克显得更酷一些。你在设计智能机器人时，也应该考虑为它添加一些额外的功能，这些功能可能没有什么实际作用，但能影响机器人的外观，能让你的机器人更加引人注目。

传感器

防卫坦克使用了 2 个 EV3 红外（IR）传感器来测量信标的位置信息（见图 2-12）。

第一个红外传感器固定在坦克的底盘上，接入传感器端口 1，用于测量信标的航向和距离，并调整坦克行驶的速度和方向。

第二个红外传感器接入传感器端口 2，安装

红外传感器1

红外传感器2

图 2-12

在转台上，与炮塔一起跟着信标旋转。这个传感器还是用于测量信标的航向，但它不控制坦克的转向，而是控制炮塔的方向。

在下一节中，你将了解各传感器的具体作用，以及如何编写程序让智能机器人的各个功能密切配合！

编写程序

现在要编写一个让智能坦克移动的程序。我们使用 EV3-G，这是为 EV3 设计的图形化编程语言。

程序设置

在开始编写程序之前，我们需要为 2 个红外传感器分配端口。在程序中，这两个传感器都会被用到。安装在机器人底盘上的红外传感器插入到端口 1 中，因此我们将这个传感器称为 IR1；安装在转台上的传感器插入到端口 2，我们把它称为 IR2。必须记住这一点，因为程序使用端口号识别不同的红外传感器，我们用端口号告诉机器人在何时检查哪个红外传感器。

现在我们已经确定了用于识别传感器的数字，可以开始编写程序了！

要添加到程序中的第一个模块是循环模块。默认情况下，循环模块被设置为无限重复。既然这正是我们想要的，那就没必要改变它！这是程序的主循环，程序的其他部分都将放入这个循环模块。程序无限地重复运行，直到用户用 EV3 程序块上的按钮手动停止。见图 2-13。

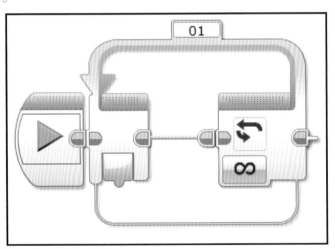

图　2-13

信标检查

在机器人开始移动之前，需要检查附近是否有信标。主循环内程序的第一个部分是用切换模块检查附近是否有信标，如果没有信标出现，机器人不会尝试找到并跟随信标。

1. 切换模块设置

检查信标步骤的核心是一个切换模块。程序读取 IR2 的数值以查看信标是否在附近，然后根据结果，机器人将执行两种情况中的一个。

在循环模块内放入红外传感器模块，将传感器模块的模式（在模块的左下角）设置为"测量-信标"。默认情况下，程序将信标的通道号码设置为通道 1，如果你希望程序在不用的通道上工作，要更改此设置，无论你选择哪个通道，一定要确保程序中选择的通道与遥控器上选定的通道是一致的。

接下去，在红外传感器模块后面拖放一个切换模块。默认情况下，切换模块会读取触动传感器的值，并根据传感器的当前状态决定执行哪一个情况分支。现在将切换模块的模式更改为"逻辑"，切换模块将一个情况分支指定为"真"值，另一个情况分支指定为"伪"值，根据模块的输入值决定运行哪个情况分支。

现在用数据线将传感器模块的检测输出（模块上的最后一个输出）与切换模块的输入连起来。如果附近有信标，则传感器模块返回"真"值，切换模块执行上面的"真"情况分支；如果附近没有信标，则传感器模块返回"伪"值，切换模块执行下面的"伪"情况分支。

> 请注意，这里的数据线是绿色的。这表明该数据线处理逻辑数据，即"真"和"伪"值。

完成这些步骤后，程序应如图 2-14 所示。

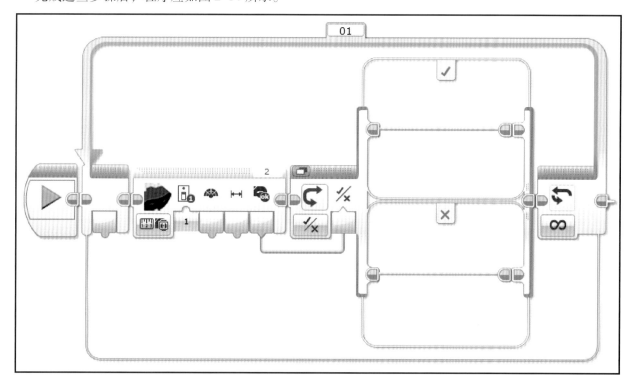

图　2-14

2. "伪"情况分支编程

现在要在切换模块里写入程序。我们从"伪"情况分支开始，因为它较为简单。如果 IR2 没有看到信标，程序会运行这个情况分支，我们只需要让机器人停下来等待有人出现。

将三个电机模块添加到切换模块下面的分支中，这些电机模块会让相应的电机停止。第一个是中型电机模块，模式设置为"关闭"，端口设置为 A，它将停止控制炮弹发射的中型电机（接入端口 A）。

第二个是移动槽模块，同时控制两个驱动电机。模式也是设置为"关闭"，如果机器人周围没有信标存在，机器人将停止行驶。默认情况下，移动槽模块控制端口 B + C 的大型电机，这些端口是正确的，所以不需要更改端口设置。

第三个也是设置为"关闭"模式的中型电机模块，但端口被设置为 D。如果附近没有信标，炮塔将停止转动。见图 2-15。

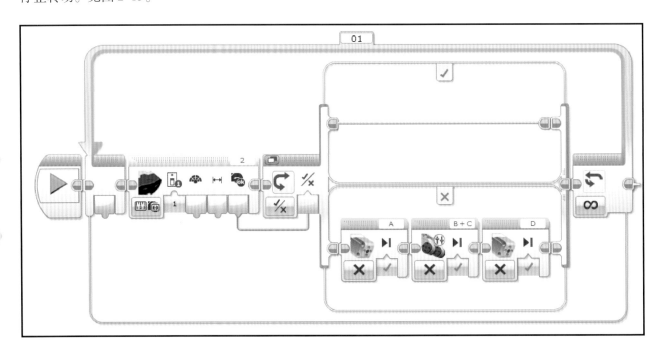

图 2-15

3. 更改为选项卡视图

切换模块的左上角有一个小按钮，可以将模块切换为选项卡视图。在选项卡视图下，切换模块的尺寸会小一些，每次只能显示一个情况分支，用鼠标单击模块顶部的选项卡，可以切换显示各个情况分支。我们将在切换模块的"真"情况中写入大量模块，因此选择选项卡视图可以让程序看起来更简洁。

选项卡视图不会对程序有任何功能上的更改。这仅仅是为了程序员编写程序方便,它使程序看上去更为整洁,并且更易于浏览。

选择选项卡视图后,切换模块自行重新进行配置,程序如图 2-16 所示。

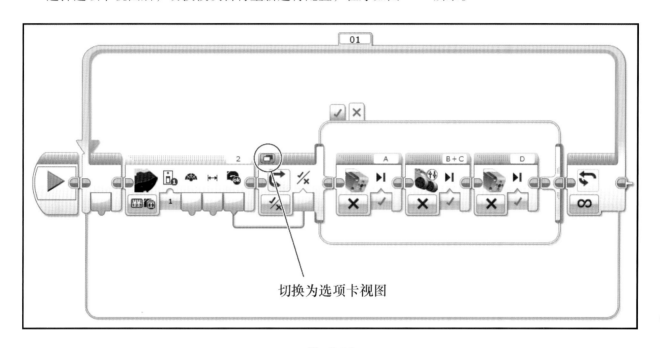

切换为选项卡视图

图 2-16

我们已经完成了切换模块的"伪"情况分支!机器人检查 IR2 以查看周围是否有信标,如果没有,机器人将停止所有电机,并等待信标出现。但是如果机器人周围有信标呢?

将切换模块顶部的选项卡切换到"真"情况分支,为这一分支编写程序。现在程序如图 2-17 所示。

信标跟随

机器人跟随信标时需要转向。IR1 读取附近信标的"标头"信息,机器人使用"标头"值调整自己的方向,与信标保持一致。IR1 还要测量到信标的"近程"距离,靠近信标时要减速。

在程序中添加另一个红外传感器模块,将模式设置为"测量-信标",传感器的端口设置为 1。我们要使用这个模块的前两个输出:"标头"和"近程"。

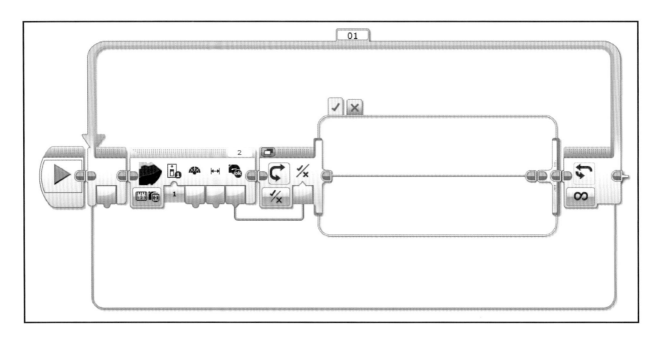

图 2-17

1. 比例控制转向

EV3 红外传感器测量"标头"值的读值范围是 – 25 ~ + 25。"标头"值为 0 表示信标位于传感器的前方，正值表示信标位于传感器的右侧，负值表示信标位于传感器的左侧；"标头"数值的大小表示信标离中心有多远，如"标头"值为 5 表示信标稍微靠近传感器的右侧，而"标头"值为 23 则表明信标远离传感器的右侧。我们要用"标头"的方向和大小来调整机器人的转向，使用比例控制方法，让机器人能够平稳地调整行驶方向。

> **ℹ** 比例控制是指系统进行的校正与观察到的误差成正比的反馈回路。在我们的例子中，如果信标离开传感器视野中心较远，则坦克做更大的转向。在这里，我们将比例控制应用于信标跟随程序，在本书的后面，还将以其他方式加以应用。

2. 测量距离 - 控制速度

EV3 红外传感器能测量从信标接收到的信号强度，由此估计出到信标的粗略距离，可以从红外传感器模块的"近程"输出得到这个数值。这个数值不是用 cm 或 in 表示的，而是一个相对距离值，且并不完全准确。不过我们仍然用它控制坦克在接近信标时减速。

3. K 值

我们可以使用 IR1 测量的航向和距离值直接控制坦克的转向，但效果并不理想。如果对每个值乘以一个系数，把测量值放大或缩小，这样得到的校正值控制效果更好，这个系数称为 K 值。

大多数比例反馈回路都会使用 K 值。在这部分程序中，我们要用到两个 K 值：第一个（K1），乘以信标的标头值，控制坦克转向的大小；第二个（K2），乘以信标的距离值，控制坦克的速度。

K1 的最优值为 5，K2 的最优值为 10。如果距离值大于 10，在 K2 的作用下，电机的功率值将大于 100%，不过你不需要担心，EV3 电机还是会以 100% 的功率运行。在这样的 K2 值之下，坦克离信标很近时（距离值小于 10）会降低速度，否则就会全速前进。

> **TIP**　　K 值是任意数值，程序员可以根据自己的意愿或机器人本身的限制进行调整。K 值越大，机器人相对于测量误差做出的校正就越大；反之，机器人则做出较小的调整。你可以尝试一下不同的 K 值来修改坦克的性能，看看自己是否喜欢这里给出的建议 K 值。

现在要将这些 K 值放入程序，在新的传感器模块之后添加数学模块，将模式设置为"乘"。用数据线连接红外传感器模块的"标头"输出端和数学模块的"a"输入端，在数学模块的"b"输入端写入 5，即我们设置的 K1 值。

> ⓘ　　这些数据线是黄色的，表明它处理的数据类型是某种数字。

再放入第二个数学模块，并将模式设置为"乘"。将它放在第一个数据模块之后，用数据线连接红外传感器模块的"近程"输出端和第二个数学模块的"a"输入端，在"b"输入端写入 10（我们为 K2 设置的值）。

4. 控制行驶

我们已经用不同的 K 值设置了"标头"值和"近程"值，现在要用这些值来控制坦克的行驶。

在刚刚放置的第二个数学模块后面添加一个移动转向模块。默认情况下，这个模块驱动电机 B + C，与坦克使用的电机相同，不需要对电机端口分配做出改变。但是我们需要将移动转向模块的模式更改为"开启"，用数据线将第一个数学模块（K1 值）的结果输出和移动转向模块的"转向"输入连接起来，将第二个数学模块的结果输出与移动转向模块的"功率"输入连接起来。

现在，已经可以用 IR1 测量的标头值和近程值控制坦克的速度和转向了，坦克可以跟随信标前进！你也完成了比例信标跟随控制器，它看起来应该如图 2-18 所示。

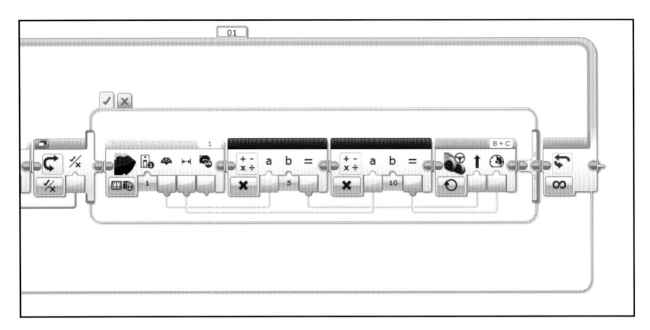

图　2-18

炮塔瞄准

　　机器人的第二个红外传感器 IR2 控制炮塔瞄准信标，和驾驶坦克一样，这里我们依然要使用比例控制器。用 IR2 测量的航向值乘以 K 值，以此控制电机 D 的功率，这个电机是用于旋转炮塔的。

　　在刚刚编写的比例信标跟随控制器后面直接编写新的程序代码，这部分代码依然处于切换模块内。添加一个新的红外传感器模块，模式为"测量-信标"，这一次端口应该设置为 2。

　　在新的红外传感器模块之后添加数学模块，设置为"乘"模式，这个模块将来自红外传感器的"标头"值乘以 K 值，建议将炮塔转台的 K 值设置为 1.6。

> 　　虽然炮塔的 K 值（1.6）小于坦克转向的 K 值（5），但炮塔转台的响应速度更快。在确定 K 值时，考虑每台电机附加的机构非常重要。尽管 K 值较小，但转台的转速更快，这是因为转台与它的驱动电机之间的结构使其响应速度快于坦克的转向速度。

　　端口 D 的中型电机控制转台的转动，因此要添加第三个模块是中型电机模块，模块的端口设置为 D，模式设置为"开启"。

　　最后，用数据线将传感器模块的"标头"输出与数学模块的输入连接起来，再将数学模块的结果输出与中型电机模块的"功率"输入连接起来。这部分代码如图 2-19 所示。

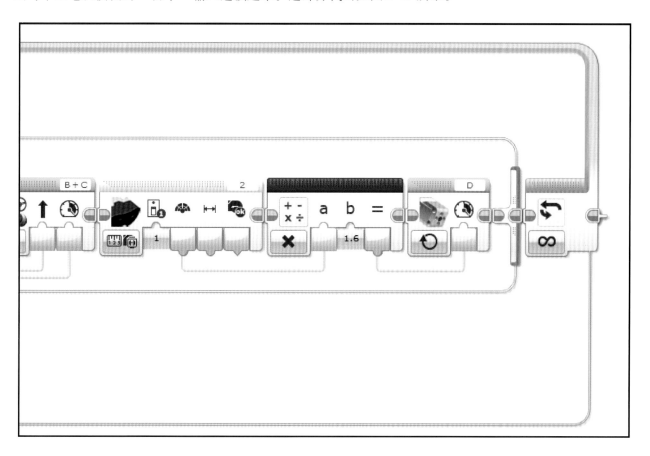

图　2-19

　　现在我们已经使用比例控制器为转台编程，用 IR2 测量的"标头"值控制其转动。

开火

　　当炮塔锁定信标时，端口 A 的中型电机控制发射机构，机器人会发射两枚炮弹。我们根据 IR2 提供的"标头"值对炮塔进行编程，如果"标头"值为 0，则炮塔已经直接瞄准了信标，机器人可以射击。

1. 使用比较切换模块

我们要在刚刚编写的炮塔瞄准代码后面直接编写发射炮弹的程序代码。拖放一个切换模块，将其设置为"红外传感器-比较-信标标头"模式，在这个模式下可以设置需要的信标标头值。EV3 将检查当前传感器读数，并将其与我们设置的值进行比较。比较切换模块非常棒，它将三个步骤组合在一个模块中：读取传感器值，将读值与目标值进行比较，然后根据传感器值是否与目标值匹配决定执行哪个情况分支。在我们这个例子中，如果 IR2 测量的"标头"值正好为 0，则 EV3 将运行"真"情况分支，否则它将运行"伪"情况分支。

我们将 0 作为航向目标值，在切换模块的"阈值"（模块上的第三个输入）栏内输入 0。我们只希望在"标头"值等于 0 时发射炮弹，因此将"比较类型"（模块上的第二个输入）更改为"＝"。切换模块的默认端口为 2，不需更改。

2. 为切换模块的情况分支编写代码

在"真"情况分支中，我们要添加电机模块让炮塔发射炮弹。添加一个中型电机模块，并选择端口 A；然后将模式更改为"开启指定度数"；将电机的"功率"设置为 100%，机器人需要电机的全部功率来发射炮弹；将目标"度数"设置为 600，电机需要选择 600° 才能发射两枚炮弹。

> **ⓘ** 如果你发现坦克有时只发射一枚炮弹，可能需要增加电机的目标度数。这是因为电机 A 的旋转度数不够，无法每次发射两枚炮弹。相反，如果电机 A 每次旋转度数过大，则应该降低电机的目标度数。

我们在"伪"情况分支中写入什么代码呢？好吧，没有！我们让这个情况分支留空，因为炮塔没有瞄准信标，就不应该发射炮弹。所以我们告诉它不必做任何事情！

你完成的这部分程序代码应该如图 2-20 所示。

让信标留在坦克的视野范围内

要让坦克跟随信标，信标必须始终留在红外传感器的视野范围内。此外，坦克的炮塔只能在一定的机械范围内转动。

程序的最后一部分可以让信标一直留在视野范围内，同时也可以防止炮塔过度旋转。程序会检查炮塔是否离信标的中心太远，如果是，则将坦克迅速转向信标的中心，并让炮塔转回中心位置。

1. 设置第一个切换模块（右侧）

检查炮塔是否偏离中心太远。程序中要再次使用比较切换模块，这一次要将电机 D 的度数与阈值进行比较，检查炮塔是否转动得太远。切换模块应设置为"电机旋转-比较-度数"模式。

当炮塔向右侧旋转时，电机 D 的度数为正值；当炮塔向左旋转时，电机 D 的度数为负值。机器人要分别在每个方向上检查炮塔是否偏离太远，首先要检查右侧，因此第一个切换模块只会关注正值。我们很快就会为检查左侧方向的第二个切换模块编写代码。

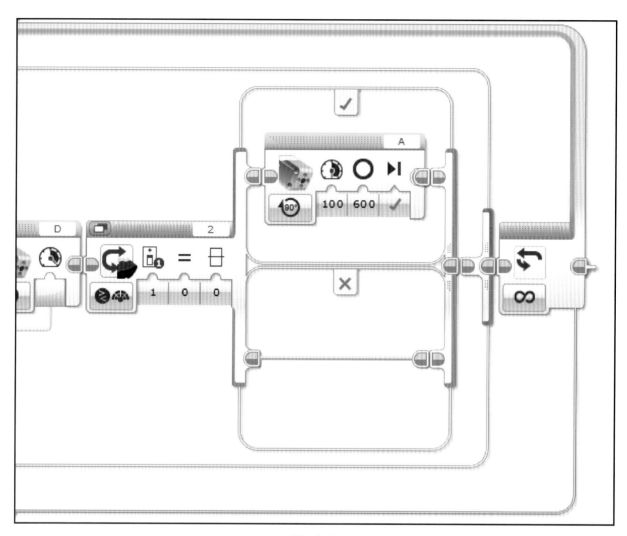

图　2-20

将模块的"比较类型"设置为"＞"（类型 2）。我们将阈值设置为 250°，在切换模块的第二个输入参数上写入 250，即当炮塔转过 250°就意味着偏离太远了。见图 2-21。

　　即使电机 D 旋转 250°，炮塔也只能转动 90°。我们在本章前面讨论过炮塔上的齿轮减速结构，电机 D 转动 1°时，炮塔转动的角度远不到 1°。

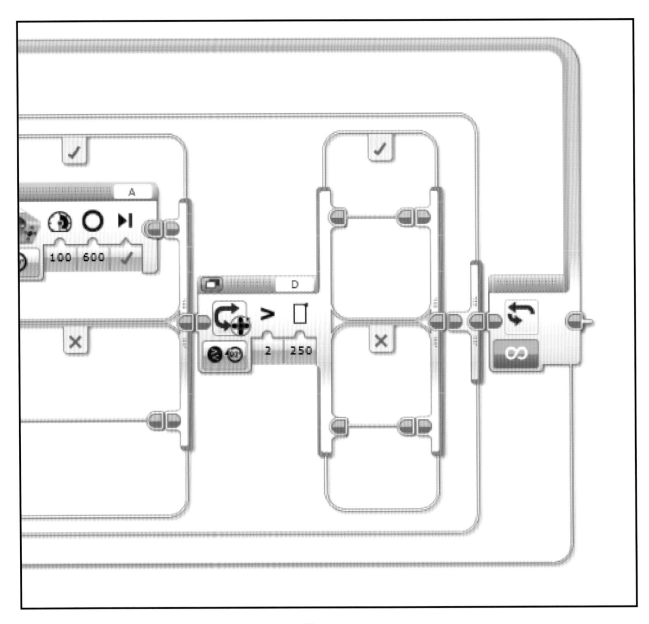

图　2-21

　　切换模块检查电机 D 向右侧的转动是否超过 250°。如果超过了，要对坦克的转向和炮塔进行调整，现在我们来编写调整代码。

2. 炮塔回中（右侧）

如果炮塔偏离右侧太远（电机 D ≫ 250°），则需要让坦克向右急转，并将炮塔回中，让炮塔的瞄准线与信标的中心线对准。我们要在新切换模块的"真"情况分支中写入一些代码完成这些动作。

首先，添加一个中型电机模块，将模式设置为"关闭"，模块端口更改为 D。这个分支情况是在炮塔旋转过多时执行的，所以我们首先要停止炮塔旋转以确保它不再继续过度旋转。

接下来，坦克向右转弯。我们使用移动槽模块，单独控制两个驱动电机（端口 B + C）的功率。将移动槽模块的模式设置为"开启指定秒数"，将电机 B（左驱动电机）的功率设置为 75%，将电机 C（右驱动电机）的功率设置为 - 75%，以相反的方向为两个电机供电，让坦克快速转向。我们希望坦克转动 1.2s，因此将"秒数"设置为 1.2。

此后，我们要放置另一个移动槽模块，将模式设置为"关闭"，在坦克转动后，这个模块停止驱动电机。

这部分程序最后的代码是将炮塔转回中心，为此我们要添加一个循环模块。

现在设置循环模块的退出条件。将循环模块的模式设置为"电机旋转-度数"，这与我们之前使用的比较切换模块的工作方式很类似。设置一个目标度数值，电机将旋转到此目标度数。将比较类型更改为"<"（类型 4），并将"阈值"设置为 3，选择端口 D。在循环模块内拖放中型电机模块，以 - 50% 的功率旋转电机。循环模块反向旋转电机 D，直到电机度数小于 3°（这时炮塔非常接近中心）。程序如图 2-22 所示。

> **i** 将目标度数值设置为"< 3"而不是"= 0"，这是很好的做法。EV3 电机编码器（也称为度数计数器）的误差约为 1°，而 EV3 在 1s 内检查电机 D 角度数的次数只有那么多。因此有可能会出现电机度数为 0 而 EV3 恰好错过的情况，这样电机就永远不会停止了。"= 0"的情况太特殊，所以我们在编程时替代为"< 3"作为安全保障。这样设置永远不会失败，而且仍然可以将炮塔置于中心位置。

> **TIP** 你可以尝试一下不同的目标度数，看看它对炮塔回中准确性的影响。如果将其设置为较小的数值（1°或 2°），炮塔会更精确地返回到中心还是会转过头？设定较大的目标度数（如 5°）会使炮塔在即将到达中心位置前停止。试一试吧！

3. 左侧的代码

现在我们要告诉坦克如果炮塔向左侧旋转太远该怎么办，代码与右侧部分非常相似。实际上，你可以复制右侧的代码再做修改。由于电机转动到左侧是负值，所以我们要修改所有度数和功率的符号，并把"<"改为">"。

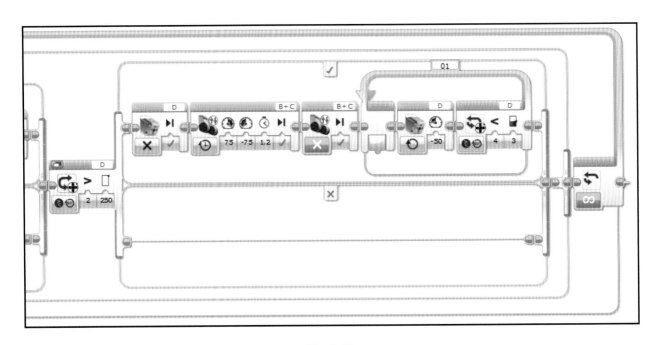

图　2-22

　　我们在切换模块的"伪"情况分支中添加另一切换模块。

　　这个切换模块的设置与上一个切换模块一样：设置为"电机旋转-比较-度数"模式和端口 D。唯一的区别是我们将"比较类型"更改为"＜"（类型 4），并将"阈值"更改为－250°。见图 2-23。

　　这里使用的模块与炮塔从右侧回中的模块完全相同，但是所有功率和角度值的符号要相反，还要将循环退出条件中的"＜"（类型 4）更改为"＞"（类型 2）。见图 2-24。

　　这样更改之后，当炮塔转过左侧太远时，会执行右侧的镜像动作，转回中间。

　　我们在这个切换模块的"伪"情况分支中放什么模块么？没有！这是因为如果 EV3 检查炮塔的位置，发现它既不是太靠右，也不是太靠左，那就是在可以接受的范围内，这就不需要对炮塔做出调整。

　　我们已经编写完了全部的程序。当 EV3 运行到这一点时，即到达了循环模块的尾部，会重新开始整个过程，让坦克能够连续跟随信标。

完成程序

　　当你把所有部分放在一起时，完整程序如图 2-25 所示。

　　尽管整个程序看起来很大，也很令人困惑，但当你专注于单个部分时，程序还是很容易管理的，可以通过追踪每个模块的流程路径来检查程序。

　　恭喜！你已经完成防卫坦克的程序了！现在可以让坦克追踪信标保护你的贵重物品了。

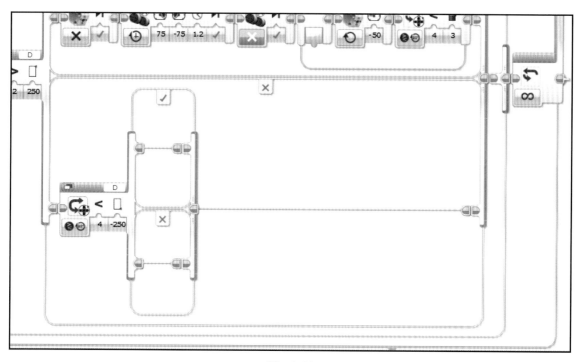

图 2-23

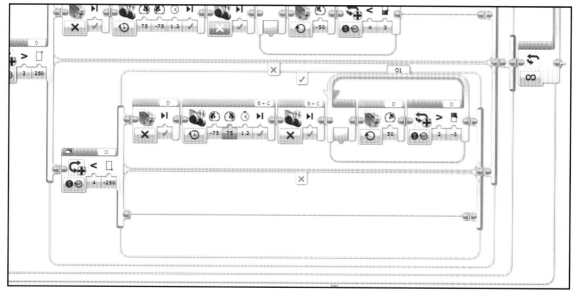

图 2-24

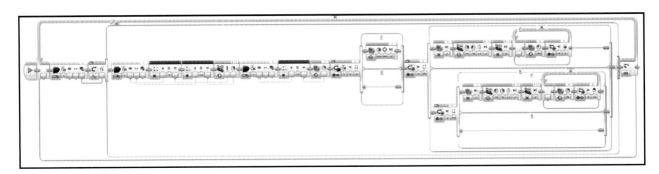

图   2-25

总结

本章涵盖了很多内容！让我们回顾一下学到的东西。

本章重点展示的是智能机器人如何使用红外技术。红外线对人体不可见，但可以被机器人的传感器检测到，所以当你想要无形地控制机器人时，这是一个很好的选择。坦克机器人使用了两个 EV3 红外传感器来测量红外信标的位置并跟随信标。

我们还了解了一些机械设计概念：坦克履带和坦克式转向、转台和凸轮，以及一个电机执行多个动作等。我们简要讨论了传动比以及它在坦克中的应用，在下一章还要对其做深入探讨。我们还讨论了为智能机器人添加视觉效果的重要性。

我们应用了几种不同的编程概念，例如在程序中使用红外传感器测量航向和接近值，循环模块和退出条件，使用传感器控制逻辑（真/伪）切换模块、比例逻辑和 K 值，以及编写程序控制电机返回中心。我们还尝试如何让参数保持在期望的范围内。在防卫坦克程序的最后部分，我们控制坦克在必要的情况下对路径进行大幅调整，让信标留在坦克的视野内。

最后，我们了解了一些工程师在设计智能机器人时需要考虑的决定或权衡。在防卫坦克中，我们看到了人体工程学和机器人体积更小之间的平衡，以及风格和功能之间的折中。这些是你在创建自己的智能机器人时经常会遇到的。

在下一章中，我们将创建欧姆尼陆地车，这是一个可以爬上垂直障碍物的全地形坦克。这个项目将把坦克履带用于不同的目的，并介绍接近传感器和红外遥控器。

第 3 章

欧姆尼陆地车——超级全地形车

　　第 2 个智能 EV3 项目是欧姆尼陆地车，这是一个超级全地形车，是一款可以爬箱子的机器人。它的大坦克履带在各种表面上都有牵引力，能爬上陡峭的斜坡，还配备了特殊的结构，可以爬上一些垂直障碍！

　　欧姆尼陆地车演示了一些现实生活中的智能机器人功能。例如，我们将在本章中看到一些高级的机构，如蜗轮、齿轮齿条结构和离合器等，本项目中使用的履带也有着略微不同的目的。我们还将在本章中介绍用于测量与障碍物间直线距离的接近传感器，欧姆尼陆地车使用接近传感器避免碰撞，并判断能否爬上遇到的障碍物。

　　我们将为欧姆尼陆地车编写两个不同的程序：第一个是遥控（RC）程序；第二个是自主程序，陆地车使用接近传感器在没有人为干预的情况下驾驶和攀爬障碍物。上一章中，我们将 EV3 红外传感器用于信标追踪，在本章中，我们将进一步研究红外传感器的另外两个应用，即红外遥控接收器和检测障碍物的接近传感器，还将学习 EV3 红外信标的遥控功能。

　　你准备好了吗？让我们开始打造超级越野车吧。见图 3-1。

图　3-1

技术要求

　　你的计算机上必须安装 EV3 家庭版软件 V1.2.2 或更高版本，还应该安装乐高数字设计师（LDD）

V4.3 及以上版本的软件。

本章的 LDD 和 EV3 文件可以在中文乐高论坛下载，下载地址：
http://bbs.cmnxt.com/forum-162-1.html

在此还可看到机器人的运行视频。

机械设计

这个项目中有很多很棒的结构，让我们逐一进行讨论！

驱动系统——再次使用履带

欧姆尼陆地车有两条履带，采用坦克式转向方式，通过改变两侧履带的速度进行转向，每侧履带各由一个 EV3 大型电机驱动，左侧驱动电机接入端口 B，右侧驱动电机接入端口 C。

欧姆尼陆地车与防卫坦克的基本概念是相同的，但两者的履带有所不同。防卫坦克使用的是橡胶履带，而欧姆尼陆地车的履带由灰色的乐高塑料履带零件连接而成，像链子一样，由于履带的材质是塑料的，因此没有足够的牵引力。我们在履带上插入红色的橡胶零件，增加牵引力，翻转欧姆尼陆地车，就能清楚地看到履带。见图 3-2。

欧姆尼车的每条履带由四个链轮引导。链轮是一种驱动链条的齿轮状轮子，四个链轮使履带呈梯形，履带前部大角度向前倾斜，这有助于欧姆尼车攀爬垂直障碍物，我们将在下一节中对此详细讨论。前面上部的链轮与电机相连，这是唯一由电机驱动的链轮，其他三个链轮可以自由旋转，对履带起到引导作用。见图 3-3。

欧姆尼车的大履带坚固耐用，有足够的牵引力，能轻松爬上陡坡。现在我们再添加一些机构，让它能爬上垂直障碍。

图 3-2

攀爬机构

欧姆尼车装备了特殊的机构，可以爬上一些垂直障碍物，如一个小盒子。机器人的前部和后部能将自身抬起来并推向障碍物。见图 3-4。

整个攀爬机构由一个 EV3 中型电机驱动，接入端口 A。电机通过沿机器人长度方向的长驱动轴提供动力。驱动轴将电机的动力传递给机器人前部的蜗轮机构和后部的千斤顶机构。见图 3-5。

图 3-3

图 3-4

图 3-5

1. 前部钩子机构

机器人的前部是一个钩状机构，由蜗轮驱动，它能抓住盒子并把机器人拉到盒子上。蜗轮是一种特殊的螺旋形齿轮，与传统的直齿齿轮配合使用。见图 3-6。

蜗轮具有一些较为特殊的性能：

● 蜗轮机构具有极大的减速比。虽然输出速度明显慢于输入速度，但是转矩被成倍放大，这被称为机械效益。机器人前部的钩状机构需要足够强大，能将欧姆尼车从地面提升起来，并将它向前推到箱子上，蜗轮具有足够的机械效益，可以满足这一要求。

● 蜗轮只能单向旋转——蜗轮可以带动齿轮转动，但齿轮不能带动蜗轮转动。也就是说，电机转动机器人前部的钩子，但施加在钩子上力不会让电机转动，这就大大减小了电机上的机械应力。

● 蜗轮可以改变运动方向，将电机的动力方向改变 90° 传递出去，整个钩状机构不再需要 90° 齿轮连接，简化了结构。

由于蜗轮只能单向旋转，因此无法用推动钩子的方式手动复位攀爬机构。如果要手动复位攀爬机构，可以滑开连接在中型电机上的 16 齿齿轮，让它与下面的 16 齿齿轮分离，这时整个攀爬机构与电机完全脱离开，可以直接用手转动蜗轮来复位攀爬机构，如图 3-7 所示。

图　3-6　　　　　　　　　　　　　　　图　3-7

理想情况下，欧姆尼车要爬上的盒子在边缘处应该有小小的凸起，能让钩子勾住它。如果盒子上没有这个凸起，你也可以在钩子末端安装小的橡胶乐高零件，使其能够抓住盒子。

蜗轮具有节省空间的特点，还能提供足够的转矩将欧姆尼车的前部抬离地面。那么，如何举起机器人的后部呢？

2. 后部千斤顶机构

一个大大的齿轮齿条机构构成千斤顶，将机器人的后部提升离开地面。

齿条呈长条状，可以把它想象为齿轮的齿沿直线展开。齿轮齿条系统的输入端是圆形小齿轮的旋转运动，小齿轮与齿条啮合，使齿条沿直线滑动，此时电机的旋转运动被转换为直线运动。这种直线运动抬起了欧姆尼车的后部，当电机转动时，千斤顶机构向下延伸，将机器人后部推离地面。

 将旋转运动转换为线性运动的机械系统叫作线性执行器。我们这里使用的齿轮齿条系统就是一个线性执行器，它将电机的旋转运动转换为直线运动。

齿条的底部是一个带两个小轮子的滑板，当欧姆尼车从地面抬起时，前部的钩子将机器人向前拉向盒子，这个滑板帮助机器人向前滑动。见图 3-8。

图　3-8

尽管齿轮齿条机构是千斤顶系统的主要部件，要想让系统顺利工作，还需要有其他重要部件。电机的转动通过一组 90°啮合的齿轮改变了转动方向，并降低了转速；然后再通过第二组齿轮进一步降低转速。到达齿轮齿条之前，总传动比为 5∶1，就是说电机旋转 5 圈才能使小齿轮旋转 1 圈。

虽然千斤顶系统的减速比看起来很大，但仍然比机器人前部钩子机构的减速比要小。齿条会比蜗轮更早达到机械极限。这是一个问题，因为整个攀爬机构由一根传动轴连接，当齿条达到机械极限时，它会停住整个系统阻止机器人完成爬升动作。为了解决这个问题，我们将后部千斤顶机构中的一个齿轮替换为离合齿轮，即机器人后部齿轮系中的大型白色齿轮。

离合齿轮在系统中引入了适量的"打滑"：在齿条达到机械极限前，它将动力传递到齿条；齿条达到机械极限后，离合齿轮开始"打滑"，机器人前部的钩子可以继续移动，而后部的齿条则保持静止。离合齿轮可以防止整个机构被锁定。

当前部的钩子和后部的千斤顶一起工作时，我们能看到机器人顺畅、有力的攀爬动作。整个攀爬机构相当复杂，有很多运动部件，然而这种复杂性是有回报的，这套机构会自动协调所有攀爬动作。因此，我们可以说这套机构很棒！

接近传感器

欧姆尼陆地车配有两个传感器。超声波传感器（也称为 US 传感器）接入端口 1，位于机器人前部两个履带之间的低处；红外传感器（也称为 IR 传感器），位于机器人的左侧，与 US 传感器相比，更靠近机器人的后部。见图 3-9。

图　3-9

TIP

　　　　左右两侧是指人站在机器人后面看向机器人前方的视角，这种识别左侧和右侧的方法，是机器人和汽车的标准做法。当你和队友一起做项目时，一定要确保你指的是正确的一面。

1. 超声波传感器

　　EV3 的超声波（US）传感器是一种接近传感器，它可以测量自己与物体之间的距离。超声波传感器发出人类听不到高频声波，等待声波从物体反弹回到传感器，通过声音发出和返回的时间差，EV3 可以估算出传感器和障碍物之间的距离。超声波传感器很精确，不易受到光的干扰。但是物体表面必须垂直于传感器，否则声波可能不会返回到传感器，EV3 也无法估计出距离。US 传感器用于欧姆尼陆地车的自主程序中。见图 3-10。

2. 红外传感器

　　在上一章中，我们介绍了红外传感器，讨论了如何用红外传感器检测红外信

图　3-10

标的位置。欧姆尼车要用到红外传感器的另外两项功能，除了追踪信标之外，红外传感器还可以作为距离传感器用来测量距离（类似 US 传感器），以及读取 EV3 遥控器发送的命令。欧姆尼车在自主程序中使用了它的接近传感器模式，在遥控程序中使用了它的接收器模式。

编写程序

现在我们开始编写代码，让这个智能机器人动起来。我们将编写两个程序，一个是遥控程序，另一个是自主探索程序。

遥控程序

遥控程序可以让你用 EV3 红外遥控器控制欧姆尼车。红外传感器接收遥控器发送的命令，机器人响应每个遥控指令，用遥控器可以控制欧姆尼车四处行走，并展开攀爬机构让履带车爬上垂直障碍。见图 3-11。

虽然是用户在控制机器人，但机器人的一些近程仍然是自动的，所以这个程序依然可以被认为是智能程序。

这是一个较为简单的遥控程序，可以适用于任何坦克式机器人。在本书后面的部分为猎鹰赛车编写更为复杂的程序时，我们将重新审视遥控功能。

1. 设置循环模块

欧姆尼车所有的代码都包含在一个"无限制"模式的循环模块中，程序重复运行，用户只有按下 EV3 程序块上的"退出"按钮才能结束程序运行。回想一下，我们在防卫坦克的程序中也是这样做的，本书的大部分程序都包含在无限循环模块中。见图 3-12。

图　3-11

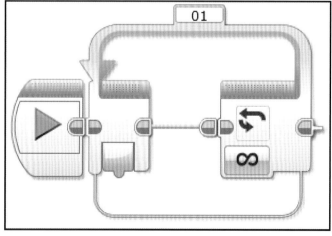

图　3-12

在程序中添加循环模块时，默认被设置为"无限制"模式。这正是我们想要的，所以不需要做任何更改。我们准备好继续前进吧！

2. 设置切换模块

在遥控器上按下一个按钮，遥控器发送一个命令。连接到 EV3 程序块上的红外传感器接收到这个命令，根据命令信息，EV3 程序块可以确定遥控器上被按下的是哪个按钮或按钮组合。

遥控程序的核心是一个切换模块。该切换模块使用红外传感器读取红外遥控器发送的信号，然后根据遥控器上被按下的按钮组合选择执行其中一种情况分支。

将一个切换模块添加到程序中，放在循环模块中。然后将切换模块的模式更改为"红外传感器-测量-远程"，则红外传感器进入接收器模式。欧姆尼车上的红外传感器连接到端口 4，因此切换模块上的默认端口设置是正确的。最后要保证遥控器上的通道与切换模块上指定的通道是匹配的。见图 3-13。

默认情况下，切换模块有两个情况分支。将切换模块设置为"红外传感器-测量-远程"模式后，我们要在模块中添加更多的情况分支，使机器人能响应更多的按钮命令。按下"添加情况"按钮 8 次，切换模块现在共有 10 个情况分支。见图 3-14。

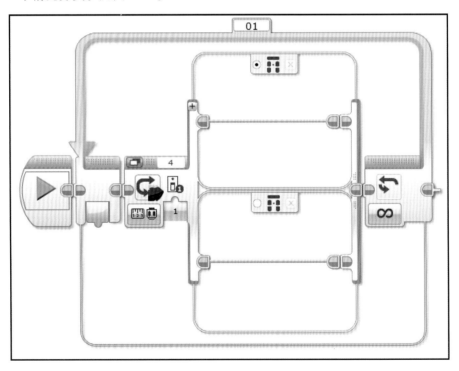

图　3-13

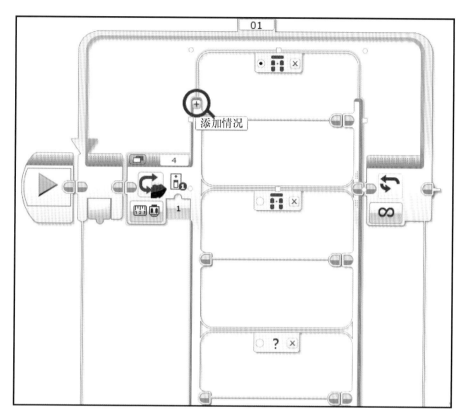

图　3-14

3. 配置切换模块的情况分支

我们已经为切换模块添加了情况分支，现在需要对每个情况分支进行设置。在每个情况分支上，要做两件事：首先需要定义激活该情况分支的按钮组合，然后要编写该情况分支处于活动状态时执行的代码。

第一个情况分支是默认情况分支。没有任何遥控器按钮被按下时，程序将执行这个情况分支，停止机器人的所有电机。单击切换模块情况分支顶部的选项卡，然后选择按钮 ID 0，定义按钮组合，即不按任何按钮。单击情况分支选项卡左侧的圆圈，将它设置为默认情况分支。最后，为机器人执行该情况分支时的动作编写代码：在该情况分支中添加一个移动槽模块，将模式设置为"关闭"。编程完成后的第一个情况分支应该如图 3-15 所示。

我们继续讨论第二个情况分支。遥控器左上角按钮被按下时，程序执行此情况分支，欧姆尼车左侧履带向前行驶，车子右转弯。在这个新情况分支顶部的选项卡中定义按钮组合，选择按钮 ID 1。然后编写机器人的动作代码：添加一个移动槽模块，将模式设置为"开启"，为左侧驱动电机（端口 B）输入功率

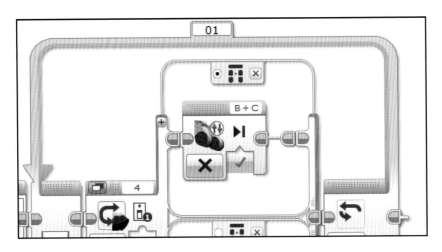

图　3-15

值 –100，为右侧驱动电机（端口 C）输入功率值 0，即机器人右侧履带停止转动，左侧履带全速向前转动。

　　为什么欧姆尼车向前运动时，它的驱动电机功率值是负数呢？这与机器人底盘的驱动电机方向有关。欧姆尼车驱动电机是颠倒安装的，因此电机的旋转方向与机器人的运动方向是相反的。而我们在为防卫坦克编程时，不需要改变电机功率值的符号，这是因为防卫坦克的驱动电机是正向安装的。

　　在后面的代码编写过程中，要记住驱动电机的负值功率会让机器人向前运动，而正值功率会让机器人向后运动。

　　第二个情况分支应如图 3-16 所示。

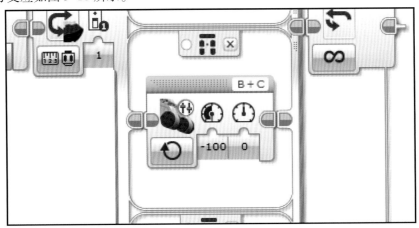

图　3-16

　　编写第三个情况分支的代码。遥控器左下角按钮被按下时，程序执行此情况分支，欧姆尼车左侧履带向后行驶，车子右后转弯。在分支上部选项卡中选择按钮 ID 2，并在情况分支中添加一个移动槽模块，将模式设置为"开启"，将左侧驱动电机的功率设置为 100，将右侧驱动电机的功率设置为 0。见图 3-17。

　　遥控器右上角的按钮被按下时，第四个情况分支运行，欧姆尼车右侧履带向前转动，车子左转。在选项卡中选择按钮 ID 3，并为情况分支添加一个移动槽模块，将模式设置为"开启"，并将功率值设置为 0（左）和 –100（右）。见图 3-18。

　　第五个情况在遥控器右下角按钮被按下时才会运行。这个情况分支让右侧的履带反向转动，机器人左后转弯。在选项卡中选择按钮 ID 4，将移动槽模块的左侧电机功率设置为 0，右侧电机功率设置为 100。见图 3-19。

　　这种类型的编程很快就显得既重复又单调，这是因为我们需要告诉机器人我们要用到的每种按钮组合。我们已经完成一半了。

　　现在我们要对两个按钮同时按下的命令进行编程。机器人使用坦克式转向时，每个履带是独立控制的，因此你可以控制机器人前进、后退和转向。

　　当遥控器顶部的两个按钮被同时按下时，程序会执行第一个双按钮情况分支，两条履带都向前转动，坦克直线前进。在选项卡中选择按钮 ID 5，并在情况分支中放入一个移动槽模块，将两个驱动电机的功率都设置为 –100。见图 3-20。

　　如果遥控器左上角和右下角按钮被同时按下呢？机器人左侧履带向前转动，同时右侧履带向后转动，也就是欧姆尼车顺时针转动。在选项卡上选择按钮 ID 6，并在分支情况中添加一个移动槽模块，左侧驱动电机功率设置为 –100，右侧驱动电机功率设置为 100。见图 3-21。

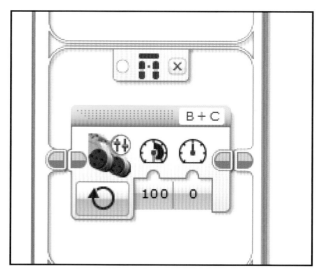

图　3-17

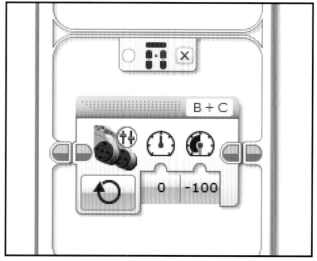

图　3-18

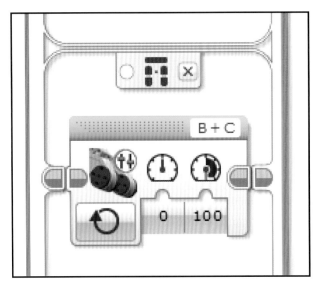

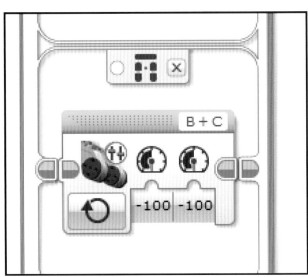

图　3-19　　　　　　　　　　　　　　　　图　3-20

下一个情况的代码与前面一个情况分支正好相反：同时按下遥控器左下角和右上角按钮，机器人逆时针转动。在选项卡上选择按钮 ID 7，并设置移动槽模块，左侧电机功率为 100，右侧电机功率为 –100。见图 3-22。

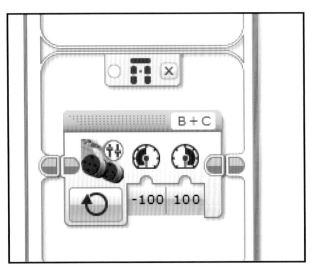

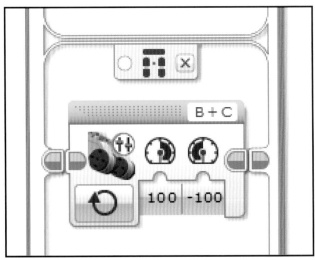

图　3-21　　　　　　　　　　　　　　　　图　3-22

如果遥控器上底部的两个按钮被同时按下，欧姆尼车将直线后退。在情况分支选项卡上选按钮 ID 8，并将两个驱动电机功率设置为 100。见图 3-23。

当按下遥控器顶部的大按钮时，程序执行最后一个情况分支，触发自动爬升的程序序列，让欧姆尼车爬过障碍物。此时情况分支的按钮 ID 是 9。

这个情况分支中有三个电机模块。第一个是中型电机模块，用于控制爬升机构，将欧姆尼车提升到障碍物上方。将中型电机模块设置为"开启指定圈数"模式，选择电机端口 A，并将电机功率设置为 -100，旋转圈数设置为 14。

序列中的第二个模块是移动槽模块。这个模块在机器人抬起自身后，将机器人移动到障碍物上。

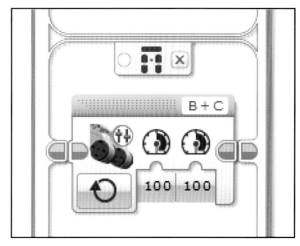

图　3-23

模块设置为"开启指定秒数"模式，两个驱动电机在 -35 功率下转动 1.4s。

最后一个模块是另一个中型电机模块，这个模块缩回爬升机构。所以这个模块与第一个模块相同（开启指定圈数，14 圈），但功率设置为 100，让电机反方向转动。见图 3-24。

为什么机器人爬升部分的编程如此简单？因为我们设计了一个能够协调许多动作的复杂机构，困难的工作由硬件完成，所以编程时才能做到让电机 A 旋转 1 圈这样简单。你可以说这个机器人的硬件非常棒！将它与防卫坦克进行比较，防卫坦克的硬件更为简单，但程序则较为复杂了。这是你制作智能机器人时需要考虑的另一个问题：是让硬件更复杂而软件更简化，还是反过来？你要根据自己能够使用的零件、要完成的目标和自己的技术水平来做出这个决定。

这是已经完成的遥控程序！尽管花费了一些时间，但现在你可以用遥控器控制欧姆尼陆地车并体验它的越野能力了。

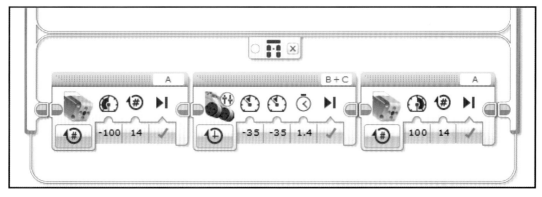

图　3-24

自主程序

自主程序可以让欧姆尼陆地车在没有人为干预的情况下运行，机器人自主驾驶，使用接近传感器避免碰撞，还会使用接近传感器来估计垂直障碍物的高度并确定是否可以攀爬，如果它确定障碍物足够低，将运行自动爬升程序爬上障碍物。

1. 设置循环模块和切换模块

和遥控程序一样，第一步是要添加一个无限循环模块，其余的程序代码要放到循环模块中。见图 3-25。

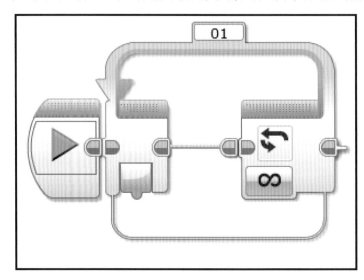

图　3-25

EV3 要先检查 US 传感器（端口 1）的状态，由于这个传感器安装位置很低，它能看到欧姆尼车遇到的所有障碍物，如果 US 传感器看到了距离不到 20cm 的障碍物，机器人就会知道将要发生碰撞了，必须决定是攀爬过去还是转向离开障碍。

现在编写这个部分的程序代码，在循环模块内添加一个切换模块，并设置为"超声波传感器-比较-距离（cm）"模式，选择端口 1；然后设置阈值，EV3 要搜索的距离应该小于 20cm（＜│20）的距离。见图 3-26。

2. 编写"伪"情况分支代码

首先编写切换模块"伪"情况分支中的代码，因为它非常简单。当 US 传感器在 20cm 内没有看到障碍物时，执行这一情况分支。附近没有障碍物，因此欧姆尼车不需要做任何避免碰撞的动作，可以继续前进。

我们只需在超声波传感器切换模块的"伪"情况分支中拖放一个移动槽模块，将模式设置为"开启"，将两个驱动电机的功率值设置为 –75。机器人将保持直线前进，直到看到附近有障碍物。见图 3-27。

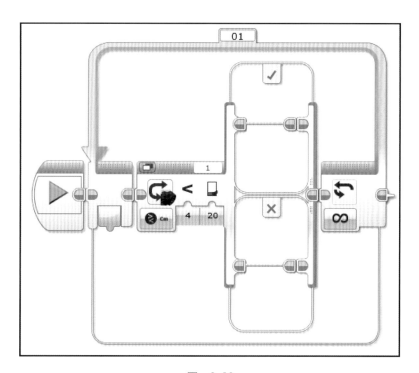

图　3-26

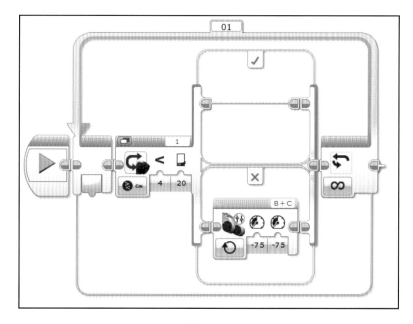

图　3-27

3. 编写"真"情况分支代码

如果 US 传感器检测到 20cm 内有障碍物，机器人有可能与障碍物发生碰撞，EV3 必须做出决定：是爬过障碍物，还是转向避开障碍物？

自主程序用安装在高处的 IR 传感器读数来决定采用哪个动作。如果 IR 传感器也检测到障碍物，那就意味着障碍物太高，机器人必须避开障碍物；如果 IR 传感器没有看到障碍物，机器人就会知道障碍物高度不高，可以爬过去。见图 3-28。

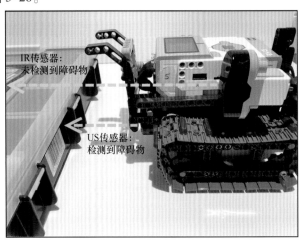

图   3-28

我们用另一个切换模块来做这个决定，这次使用端口 4 的 IR 传感器。切换模块的模式应该设置为"红外传感器-比较-近程"，这是使用了红外传感器的接近功能（防卫坦克使用了信标跟踪功能，而刚刚完成的遥控程序使用了接收器功能）。确保选择了端口 4，然后将阈值设置为小于 35 （<∣35）。这个值比 US 传感器的阈值 20cm 略大，这是因为 IR 传感器的安装位置比 US 传感器更靠近机器人的后部。完成红外传感器切换模块的设置时，应如图 3-29 所示。

4. 编写避障程序代码

如果两个接近传感器都看到了障碍物，则意味着障碍物太高，机器人无法攀爬，欧姆尼车会转向避开障碍物，继续向新的方向前进。

将两个移动槽模块添加到 IR 传感器切换模块的"真"情况分支中。第一个移动槽模块的模式为"开启指定秒数"，左侧驱动电机的功率设置为 0，右侧驱动电机的功率设置为 100，持续时间参数设置为 1.8s，机器人会向左后转弯大约 90°。第二个移动槽模块设置为"关闭"模式，停止每个驱动电机的转动。见图 3-30。

如果接近传感器在机器人转弯后不再看到障碍物，就意味着机器人已经成功避开障碍物，欧姆尼车将继续沿着这个新方向行驶。如果前方路径仍然有障碍物，机器人将重复转弯，直到接近传感器检测不到障碍物位置。

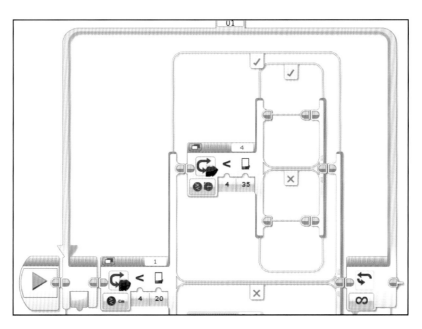

图　3-29

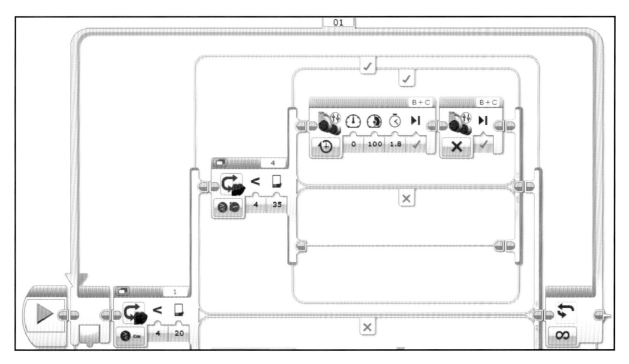

图　3-30

90°转弯的动作很简单，不一定是最优雅的解决方案。你可以改变转弯风格，让机器人更平滑地避开障碍物，甚至可以添加额外的传感器来制作更复杂的避障代码。

5. 编写攀爬程序代码

如果 IR 传感器没有看到障碍物，则表明障碍物较低，欧姆尼车可以爬上去。攀爬障碍的程序要写入 IR 传感器切换模块的"伪"情况分支。

攀爬部分的程序代码与我们为遥控程序编写的攀爬代码相似。第一个模块是移动槽模块，设置为"开启指定秒数"模式，以 −35 的功率驱动两个电机，持续时间 1.8s，这个模块让机器人缩小自己与障碍物之间的 20cm 距离。

现在机器人所处的位置可以爬上障碍物了。攀爬程序其余部分的代码与遥控程序中的相同，一个中型电机模块以 −100 的功率控制端口 A 的中型电机旋转 14 圈，以伸展爬升机构，将欧姆尼车向上拉到障碍物上。移动槽模块以 −35 功率向前驱动履带 1.4s，让机器人完全移动到障碍物上。最后一个中型电机模块以 100 的功率控制端口 A 的电机旋转 14 圈，缩回攀爬机构。见图 3-31。

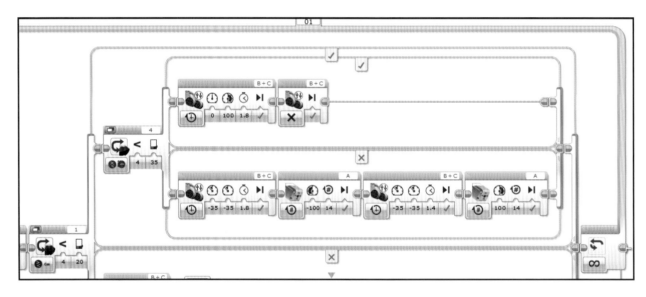

图　3-31

此后程序重复运行，EV3 再次读取传感器读数，决定机器人如何动作。

完成程序

当程序各个部分都编写完成后，完整的自主程序如图 3-32 所示。

现在你已经完成了欧姆尼车陆地车的两个程序！准备好让它穿越极端地形了吗？

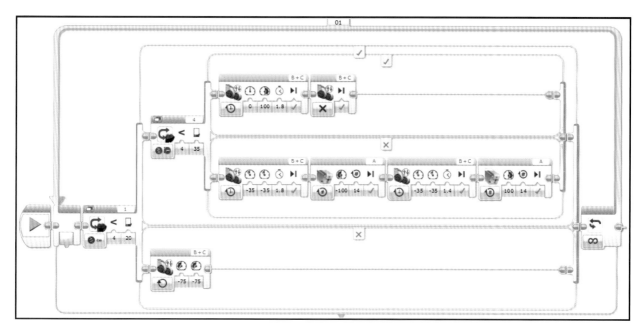

图　3-32

总结

本章信息很多，我们来总结一下主要内容。

这是我们第一次看到设计良好的硬件结构独立完成复杂的操作，并降低了软件的复杂程度；我们可以认为这个硬件很智能。我们还扩展了对机构的了解，重新观察了坦克履带，并采用了更加坚固、更适合欧姆尼车越野功能的履带结构。我们还了解了蜗轮蜗杆结构占用很小的空间，并具有单向旋转性的特点。我们也第一次应用了齿轮齿条结构，知道了这是一种线性执行器，在本书后面制作猎鹰赛车时，我们还将了解齿轮齿条结构的其他应用方式。最后，我们看到了离合齿轮如何在系统内引入有益的"打滑"，以防止齿轮系卡住。

我们再次使用了红外传感器，但这次是使用了它的另外两种功能：当作遥控器的接收器和接近传感器。我们还用到了超声波传感器，这是一种非常精确的接近传感器。

我们也回顾了上一章中学到的一些编程技巧，并引入了一些新的编程技术。我们为两个接近传感器编写了代码，将它们一起应用于程序中，帮助机器人根据环境情况做出决定。我们还使用了红外传感器的接收器功能，编写了第一个坦克式遥控程序，在制作猎鹰赛车时，还将继续扩展遥控程序的功能。我们重新审视了反馈回路，并重新应用了切换模块的知识，将切换模块用于新的传感器上。

最后，我们了解了制作智能机器人时可能要做出的另一个重要决定：是让硬件结构更复杂以简化软件呢，还是让软件更复杂而硬件结构简单一些？这是根据你的工程目标、可用的零件和个人技术水平综合做出的决定。

在下一章中，我们将只使用一个套装制作机器人，这就是著名的鲨鱼机器人！

第 4 章

蒂米顿鲨鱼——交互式机器人

接下来，我们将搭建一台交互式机器人——蒂米顿鲨鱼，它具有多种功能和独特的个性。这台机器人是乐高头脑风暴的品牌代言，因为只需要一套 EV3 套装（31313）就能完成搭建，新入门的乐高粉丝也能享受到机器人的乐趣。它也是第一个配备有自定义 GUI 的机器人，将五种不同的操作模式简化成一个程序。

在本章中，我们将研究蒂米顿鲨鱼如何把多种机械功能紧凑地放入狭小的空间，我们将解析组成蒂米顿鲨鱼的每一部分简单机械。

蒂米顿鲨鱼复杂的编程使它成了智能机器人的榜样。我们会编写蒂米顿鲨鱼的自定义 GUI，教会你为智能机器人制作 GUI 所需要的知识。GUI 在其他乐高机器人领域也会得到应用，如 FLL。接着，我们会为蒂米顿鲨鱼的操作模式编写程序，重新审视了一些先前学到的概念，例如信标追踪、遥控和坦克式转向，同时也引入了一些新概念，例如颜色传感器。最重要的是，我们将讨论编程的不同元素如何为蒂米顿鲨鱼的独特个性做出贡献。

还等什么？一起来搭建这个标志性的 EV3 智能机器人吧。见图 4-1。

技术要求

你的计算机上必须安装 EV3 家庭版软件 V1.2.2 或更高版本，还应该安装乐高数字设计师（LDD）V4.3 及以上版本的软件。

本章的 LDD 和 EV3 文件可以在中文乐高论坛下载，下载地址：

http://bbs.cmnxt.com/forum-162-1.html

在此还可看到机器人的运行视频。

图 4-1

机械设计

我们从由一个神奇套装完成的物理组件开始讨论。

传动系统

就像欧姆尼陆地车和防卫坦克一样，蒂米顿鲨鱼使用了坦克式转向方式。然而，你会注意到一个很明显的差异——蒂米顿鲨鱼并没有坦克的履带！它没有坦克履带是如何实现坦克式转向的呢？

尽管没有坦克履带，蒂米顿鲨鱼的传动系统还是经典的坦克式，依靠改变每一侧的动力完成转向。蒂米顿鲨鱼用车轮取代了坦克履带，每个 EV3 大型驱动电机上直接连接着一个车轮。驱动电机的端口为传统 EV3 端口：左侧驱动电机连接端口 B，右侧驱动电机连接端口 C。两个驱动轮紧凑地连接在底盘上，不会对蒂米顿鲨鱼的动作产生影响。见图 4-2。

这个机器人需要第三个承重点，靠近机器人的后方有一个万向轮。这是一个连接在纵向轴上的小轮子，能够转向任何方向。为蒂米顿鲨鱼选用万向轮，是因为它能够跟随前轮转向任何方向，确保在任何方向上的可操作性。当工程师需要一个能支撑机器的重量而又不影响机动性的轮子时，大多会选择万向轮。见图 4-3。

图　4-2

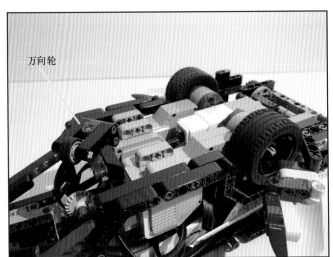

万向轮

图　4-3

外观装饰

设计蒂米顿鲨鱼时，我在外观方面花费了很多精力。对蒂米顿鲨鱼来说，视觉冲击至关重要，比其他的机器人更加重要。如果你想搭建一个鲨鱼型的机器人，你就需要确保它看起来像鲨鱼！蒂米顿鲨鱼大多数方面的设计都纯粹是装饰作用，使这个机器人一眼看上去就像一条鲨鱼。

1. 底盘

蒂米顿鲨鱼的底盘经过精心设计，有着鲨鱼的轮廓。中间部分是一个矩形的框架，固定 EV3 零件和三个电机。一个鼻子状的子框架从核心框架的前端突出。在后方，一个三角形的框架将底盘收拢到尾部，以完成圆滑的水动力外形。见图 4-4。

2. 胸鳍

没有鳍的话还算是鲨鱼吗？在底盘的两侧，各有一个鳍从蒂米顿鲨鱼的轮廓中突出来。鳍片是用短而弯曲的 EV3 面板安装在转角梁上制成的。鳍的第二个目的是隐藏驱动轮。见图 4-5。

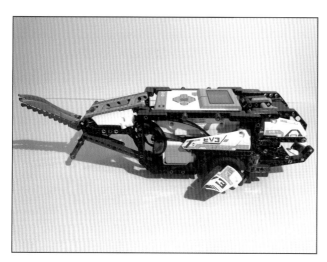

图 4-4

图 4-5

3. 下颚

当你听到鲨鱼这个单词时，最先想到的一定是那对强有力的颚，塞满了锋利的牙齿。谢天谢地，蒂米顿鲨鱼已经有了！它巨大的下巴张开，准备在一些乐高积木上大咬一口。EV3 套件中的白色牙齿零件正好成了蒂米顿鲨鱼的牙齿。见图 4-6。

4. 尾部

由 EV3 套装中包含的红色长刀片零件制成的细长尾部让鲨鱼的视觉效果非常完整。见图 4-7。

现在，装饰性的颚和尾巴已经搭建好了，我们需要让它们动起来！这将进一步提升蒂米顿鲨鱼的视觉冲击力，不仅使其更具互动性，而且能增强鲨鱼的整体效果。

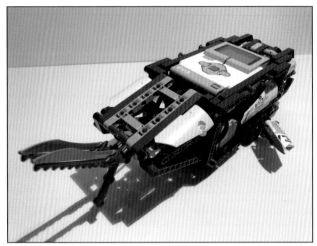

图　4-6　　　　　　　　　　　　　　　　　　　图　4-7

下颚和尾部的动作

　　蒂米顿鲨鱼的下颚和尾部由同一个 EV3 中型电机驱动，连接到端口 A。中型电机位于两个驱动电机之间。

　　一个特殊的变速箱将中型电机的动力分开，从而可以同时驱动前端的下颚和后端的尾巴。一个锥齿轮直接安装到中型电机的输出轴上，分出两个齿轮系；它与另一个锥齿轮通过 90° 连接将动力传递到下颚，同时另一组安装在上方的齿轮将动力传递到尾巴。

> 　　双锥面齿轮是一种特殊类型的齿轮；它们有着普通的圆形形状，类似直齿圆柱齿轮，但它们的齿角被切成一个角度。这使得它们能够形成 90° 的相互连接，同时仍然能够像直齿圆柱齿轮一样形成传统的平行齿轮啮合。蒂米顿鲨鱼运用锥齿轮的优势来实现两种连接方式。这就是蒂米顿鲨鱼在紧凑的结构设计中实现电机动力分离的方式。

　　在靠近机器人嘴部的下侧可以看见变速箱。见图 4-8。

1. 嘴巴张合

　　90° 锥齿轮以 1∶1.67 的比例传输电机的旋转速度，提高了下颚的动作速度。一对 24 齿圆柱齿轮高效地传导动力，5 个乐高单位长度的圆梁将下颚连接到顶部的直齿圆柱齿轮上。梁在齿轮上的连接点并非中心点，齿轮产生了类似凸轮的作用，使梁往复运动。因此，当中型电机旋转时，下颚能做出上下张合的动作。见图 4-9。

图　4-8

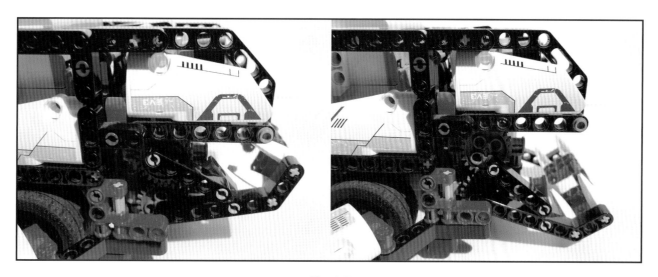

图　4-9

2. 尾巴摆动

一根长长的驱动轴几乎穿过了整个机器人的身体,把电机的动力向后传递,使尾巴摆动。电机的动力通过 90°的齿轮连接改变了方向,并以 1.67:1 的比例略微降低了速度。这恰巧是用来传递动力到下颚的传动比的倒数,这意味着尾部的动作速度比嘴部慢。

在动力经过 90°齿轮连接改变方向后,凸轮机构通过连杆产生往复运动。连杆连接到尾部,使其在电机旋转时连续左右往复运动。听起来很熟悉,对吧?这类似于用于让嘴巴进行张合的凸轮机构。

操控尾部的凸轮机构位于机器人的后部。见图 4-10。

图　4-10

用凸轮机构移动下颚和尾部的妙处是，当电机旋转时，两者都会连续往复运动。所以，你所要做的就是控制电机以期望的速度连续转动，其余过程都是由机械结构实现的！

传感器

蒂米顿鲨鱼的设计中包含了两种传感器——红外传感器和颜色传感器。程序充分利用每一个传感器的功能来丰富鲨鱼的互动体验。

1. 红外传感器

EV3 红外传感器（端口 4）位于蒂米顿鲨鱼的鼻子中，使它能看清任何障碍物或者接收红外遥控。我们已经多次使用了红外传感器，所以这次将是一个复习。蒂米顿鲨鱼的程序使用了红外传感器的所有三个功能：接近传感器、接收器和信标跟踪器。见图 4-11。

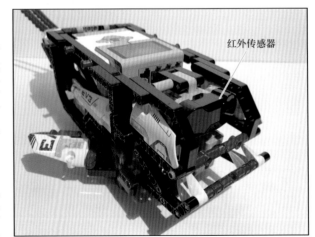

红外传感器

图　4-11

2. 颜色传感器

颜色传感器接入端口 3，位于蒂米顿鲨鱼的口中。颜色传感器用于饥饿模式，利用传感器赋予机器人味觉。你可以用乐高砖块来喂蒂米顿鲨鱼，它会对你给它的每一种不同"口味"的乐高砖块做出不同的反应。当一块乐高砖块放在蒂米顿鲨鱼的嘴里时，颜色传感器会识别出砖块的颜色。每一种颜色代表一种不同的味道，而蒂米顿鲨鱼会对每种颜色做出不同的反应。见图 4-12。

在下一节中，我们将为饥饿模式编写程序，以及其他互动功能。

颜色传感器

图 4-12

编写程序

我们的程序非常复杂，比我们迄今为止所做的任何程序都复杂。这是因为它本质上是将五个程序合并成一个并加上 GUI 的编程。不过别担心！这个程序中会有许多新的概念，但与此同时我们还会复习前几章出现的一小部分程序。我们将以一种整洁有序的方式一步一步地完成程序的编写。

现在，我们要规划一些互动的功能，让蒂米顿鲨鱼更加生动。

GUI

当用户启动蒂米顿鲨鱼的程序时，他或她将在 EV3 显示屏上看到这个打招呼的画面。见图 4-13。

这是蒂米顿鲨鱼的图形用户界面，或者叫 GUI，它允许用户在同一个程序中选择五种操作模式之一。在选择操作模式之后，用户可以退出并返回到该菜单屏幕以选择新的操作模式。在任何时候按下 EV3 程序块的后退按钮将退出整个程序，并将 EV3 返回到主屏幕。

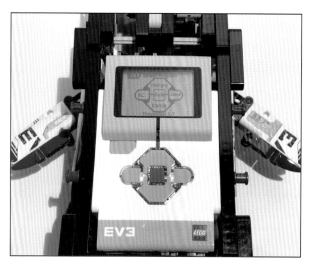

图 4-13

蒂米顿鲨鱼的自定义 GUI 是它最具创新性的特点之一。它将所有的机器人程序简化为一个对用户友好的软件包。这种易用性增强了蒂米顿鲨鱼的乐趣，并有助于提高它的受欢迎程度。

GUI 在乐高机器人领域有更多的应用，许多 FLL 队伍已经使用自定义 GUI 和/或程序选择器让程序的更换更快更容易，以节省赛场上的宝贵时间。在现实世界中，GUI 被用来让人和机器轻松互动。Windows 操作系统是 GUI 的真实示例；它通过以非计算机专家更容易理解的方式呈现计算机的特性、功能和程序，使计算机更容易使用。

现在，让我们来编写 GUI 程序！请记住，当我们为蒂米顿鲨鱼制作这个 GUI 时，你也可以按照同样的步骤为你自己的智能机器人做一个不同的 GUI。

1. 创建菜单图形

我们要使用 EV3 编程环境内置的"图像编辑器"来制作菜单图形。在左上角单击"工具 – 图像编辑器"，屏幕上弹出图像编辑器窗口。在图像编辑器中，你可以画图、写入文本、导入和修改图像，并将它们保存到程序中使用。

蒂米顿鲨鱼的主界面导入了 EV3 程序块的按钮图像，并做了简洁处理，然后在每个按钮上显示相应的操作模式名称。见图 4-14。

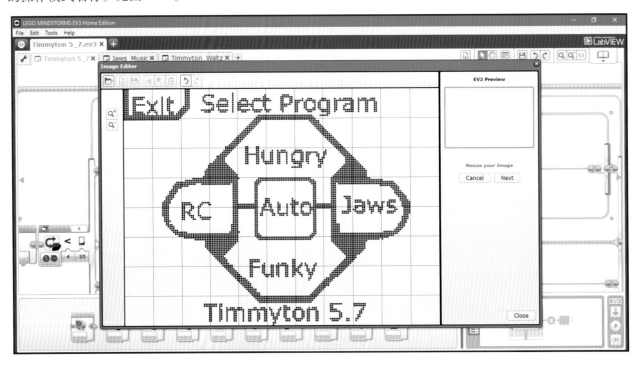

图　4-14

> 在菜单图形上"Timmyton"名称后面的数字 5.7 表示当前版本的蒂米顿鲨鱼是 5.7 版。需要进行许多修改才能将蒂米顿鲨鱼改进到现在的完美状态。事实上，本书中介绍的所有机器人都已经从原始设计中至少修改了一次。在构建自己的智能机器人时，请记住这一点。工程师在第一次尝试时就完成项目是非常罕见的，所以不要害怕尝试并继续修改你的设计！

你还需要为每个操作模式绘制图形，以便用户知道当前处于哪一个模式。这里不需要任何花哨的东西，你可以简单地在屏幕上键入操作模式的名称。图 4-15 显示了娱乐模式的参考。

图　4-15

2. 编写 GUI

现在开始编写程序，与我们编写的其他程序一样：用一个"无限制"模式的循环模块来封装整个程序。

然后，添加一些代码制作 GUI。前几个模块用于初始化，按照顺序，清除 EV3 显示屏、将自定义菜单显示到显示屏上、停止所有电机，然后将程序块 LED 灯设置为闪烁绿色。蒂米顿鲨鱼更多地使用了程序块 LED 灯来增加用户和机器人的交互程度。见图 4-16。

初始化代码后，放置一个切换模块。将模式更改为"程序块按钮 – 测量 – 程序块按钮"，并激活选项卡视图；否则，程序将变得过于烦琐和混乱。

这个切换模块十分重要，因为所有操作模式的编程都写在它的各情况分支里面。每一种模式就是切

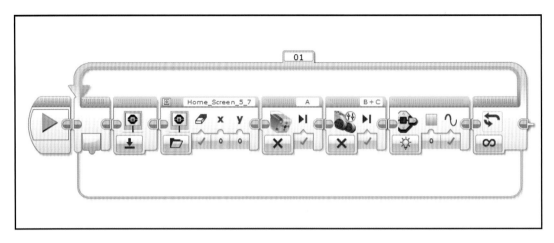

图 4-16

换模块的一个情况分支，当一个程序块按钮被按下，切换模块将进入相应的操作模式。见图 4-17。

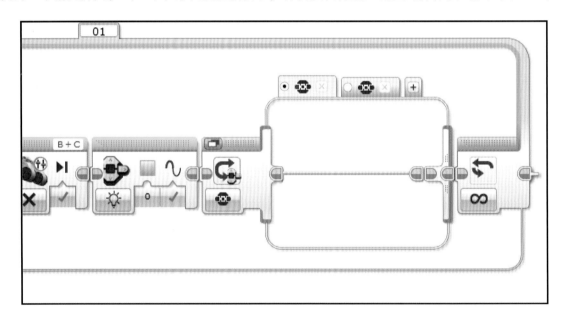

图 4-17

下一步，建立情况分支。切换模块默认情况下有两个情况分支，所以我们要再增加四个，总共六个情况分支。将每个程序块按钮分配给各情况分支。最后，将空白情况分支（未按下按钮）设置为默认状态。见图 4-18。

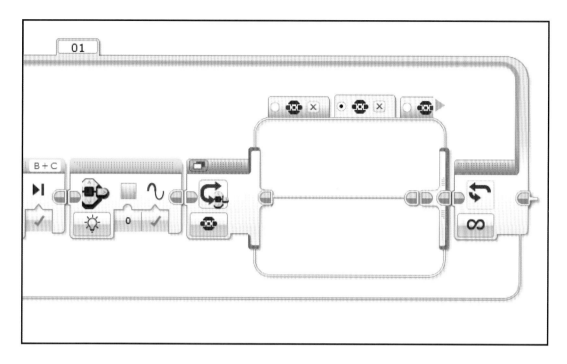

图　4-18

每个情况分支中都有一些相同的基本程序：显示重置模块、显示操作模式名称的模块和一个循环模块。

循环模块必须命名为"Mode Loop（模式循环）"。单击循环模块顶部的选项卡并输入名称为循环模块命名。这是我们第一次命名一个循环模块，这是因为当我们编写循环中断程序时，会从另一部分代码指定这个循环模块。见图 4-19。

现在我们来添加一些新东西：放置另一个开始模块！把它放在我们刚编写好的代码下面。我们现在要编写的是第二个任务，这个任务将与主任务并行运行。向这个新分支添加一个"无限制"模式循环模块，在循环模块中添加一个等待模块，将其模式设置为"程序块按钮 - 比较 - 程序块按钮"，选择程序块中心按钮（按钮 ID 2）作为要监视的按钮，并将状态设置为 2。当程序块中心按钮被按下并松开时，程序将继续运行。最后，在等待模块后添加一个循环中断模块，单击循环中断模块的右上角文本框，选择"Mode Loop（模式循环）"。

这个简短的第二个程序分支非常重要。它确保当程序块中心按钮被按下时，名称为"Mode Loop"的循环模块会被中断，让 EV3 退出任何操作模式，并返回菜单，以便用户可以选择新的操作模式。见图 4-20。

完成后的 GUI 看起来如图 4-21 所示。请记住，你可以对它进行调整，用于任何智能机器人。

现在我们用代码填充那些情况分支来制作一些有趣的操作模式！

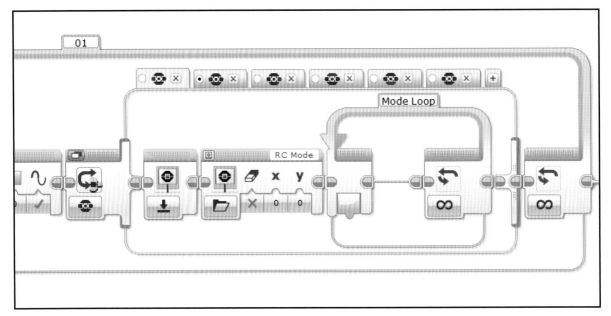

图　4-19

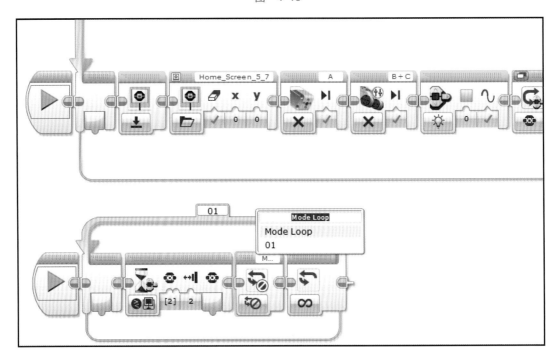

图　4-20

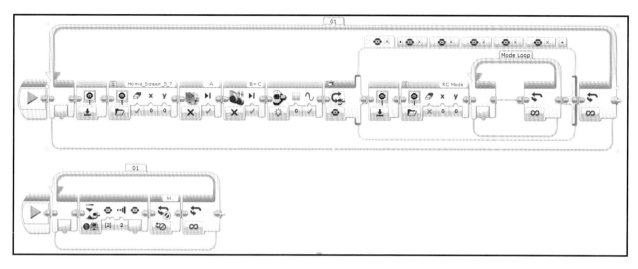

图 4-21

操作模式

我们从默认的空情况分支开始。如果没有程序块按钮被按下，任何操作模式都不会激活，机器人处于空闲状态。所以，这个情况分支为空白。见图 4-22。

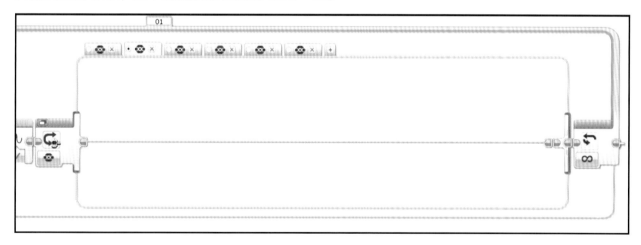

图 4-22

1. 遥控模式

第一个操作模式与上一章的程序相似。遥控模式就是指可以使用 EV3 红外遥控器控制蒂米顿鲨鱼。

在 "Mode Loop" 循环模块中，放置切换模块，为各情况分支填写代码，完成遥控模式。注意，切换模块应处于选项卡视图模式以节省空间。在上一章中，我们已经详细地讲述了坦克式遥控的编程，因为蒂米顿鲨鱼的遥控编程基本上是相同的，你可以参考前面的章节中对这个问题做出的全面说明。唯一不同的是，你会注意到，由于蒂米顿鲨鱼的驱动电机被放置在传统的方向上，你不需要改变功率值的符号，正的功率将使蒂米顿鲨鱼向前行驶。见图 4-23。

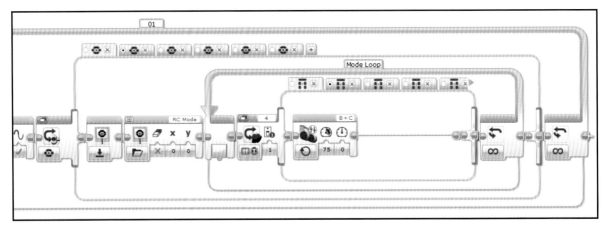

图 4-23

我们将编写蒂米顿鲨鱼在遥控器顶部按钮被按下时的程序。添加一个中型电机模块（端口 A，"开启"模式，功率 100%）和一个程序块状态灯模块。当按钮被按下时，将启动蒂米顿鲨鱼的下颚和尾部，程序块 LED 灯发出红色光。很适合一只可怕的鲨鱼！（在本章前面部分，我们讨论过蒂米顿鲨鱼的下颚和尾部在电机 A 连续旋转的带动下进行循环往复运动）。最终完成的程序如图 4-24 所示。

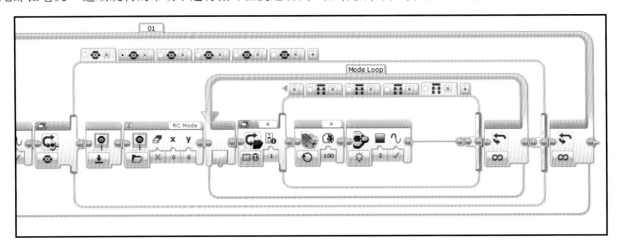

图 4-24

2. 大白鲨模式

这是一个有趣的操作模式，灵感来自著名的同名电影。在这个模式下，蒂米顿鲨鱼将疯狂地摆动下颚和尾部，在播放音乐的同时追踪红外信标！这是一个信标追踪程序，非常类似于我们为防卫坦克所编写的程序。

切换到程序块右边按键高亮的情况分支选项卡。像往常一样，先添加显示重置和显示模块，然后添加中型电机模块（端口 A，"开启"模式，功率100%）。这个电机模块使得下颚和尾巴在这个操作模式中一直动作。见图4-25。

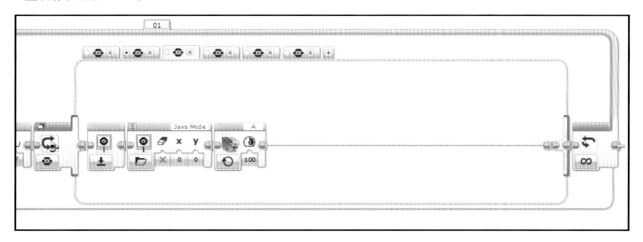

图　4-25

现在，要添加一些新的东西了：放置两个循环模块，把一个放在另一个下面。将两个模块都命名为"Mode Loop"。拆分程序的流程线，使其分别连到两个循环模块。单击中型电机模块的右边缘上的小标签来创建新的分支，并将流程线拖到新分支中的第一个模块（即循环模块）上。见图4-26。

在上面的循环模块里编写信标追踪器程序。你可以遵循我们在防卫坦克中使用信标追踪器的步骤（请参阅第 2 章的详细说明）。在这里，信标追踪器首先使用红外传感器模块和逻辑切换模块检查附近是否有信标存在。

如果附近存在一个信标，则进入切换模块"真"情况分支，机器人将跟随信标。红外传感器测量信标的方向和距离，并分别调整机器人的转向和功率。标头/转向控制的 K 值为 −2，近程/功率控制的 K 值为 4。

当你阅读本章的机械设计部分时，你可能已经注意到红外传感器是颠倒安装的。这样做可以使传感器安装更加方便。我们在程序中弥补这一点，将蒂米顿鲨鱼标头/转向的 K 值调整为负。

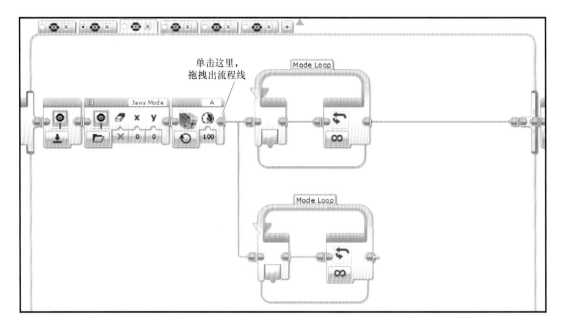

图　4-26

如果没有检测到信标，则切换模块进入"伪"情况分支，停止驱动电机，并使程序块 LED 灯发出橙色光。见图 4-27。

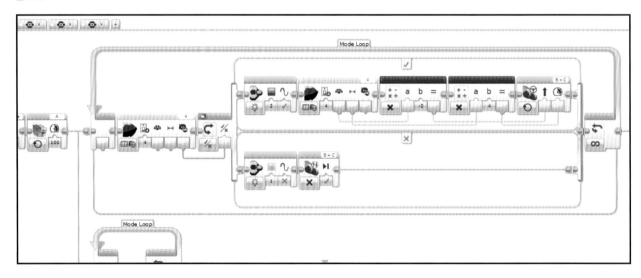

图　4-27

那我们放置的第二个循环是什么呢？我们将使用它来运行与信标跟踪并行的第二个较小的代码段。这一循环模块使得蒂米顿鲨鱼追踪信标时播放《大白鲨》主题曲。将两个声音模块放在下面的循环模块中，并设置为"播放音符"模式。第一个声音模块持续播放 C4（最低音符）0.25s，第二个模块持续播放 C#4（高半阶）0.3s。在大白鲨模式中将无限重复播放这个音乐，施加不祥的情绪，而蒂米顿鲨鱼将追踪它的猎物。

我们还需要将下面循环的退出条件设置为"程序块按钮－比较"模式，设置程序块中间按钮（按钮 ID 2）作为目标按钮，并选择状态 2，即按下并松开。这是一个冗余，虽然我们在建立 GUI 之前做了循环模块退出条件，但是由于大白鲨模式有两个并行的分支，冗余充当了一个故障安全措施，增加了额外的安全层并确保程序顺利运行而不会发生故障。见图 4-28。

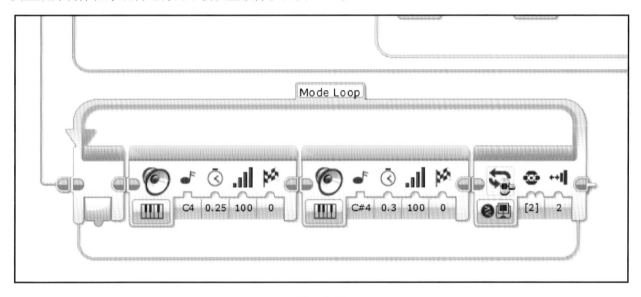

图　4-28

3. 饥饿模式

切换到程序块上边按键高亮的情况分支选项卡，是时候编程饥饿模式了！在这种模式下，你可以用乐高砖块喂食蒂米顿鲨鱼。鲨鱼口中的颜色传感器识别砖块的颜色，机器人会对每一种颜色做出不同的反应。

> 你可能注意到切换模块已经扩展了不少。随着我们增加更多的程序，它将继续扩展。如果你打开一个空的切换模块情况分支，它的尺寸也很大，因为它会和尺寸最大的那个情况分支大小相同，并且其他所有情况分支都将保持这个尺寸。

开始添加惯例的初始化模块，再加上一个中型电机模块（端口 A，"开启指定圈数"模式，3 圈），放置在名称为"Mode Loop"的循环模块之前。见图 4-29。

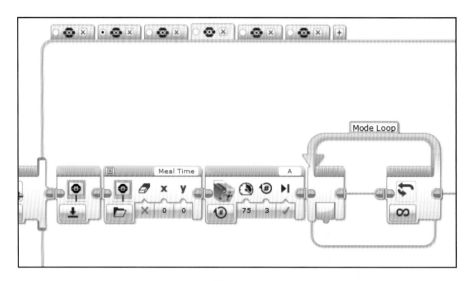

图　4-29

　　放置一个颜色传感器切换模块（端口 3，"颜色传感器-测量-颜色"模式）。增加四个情况分支，并分别指定为下列颜色之一：无颜色、蓝色、绿色、黄色、红色和白色。将"无颜色"情况分支设置为默认情况。当颜色传感器没有检测到颜色砖块时，将执行这一情况分支。将这个情况分支留空。见图 4-30。

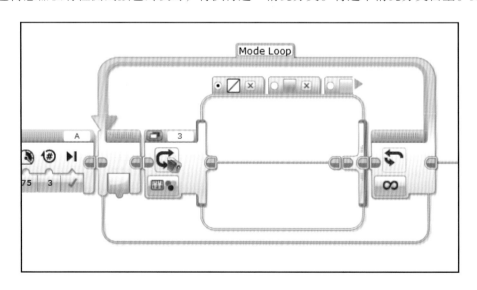

图　4-30

　　现在，我们需要编写剩下的各情况分支，设计蒂米顿鲨鱼遇到不同颜色砖块时的反应。反应的编程相对来说比较自由，所以在这里要有些创造性！你可以选择哪种颜色是蒂米顿鲨鱼喜欢吃的东西，或是不吃的东西，或者发挥你的创意！对颜色做出反应时，蒂米顿鲨鱼会先发出"闻"的声音，并说出颜色的名字。如果是喜欢的颜色之一，则 EV3 程序块 LED 灯发出绿色光；如果它是蒂米顿鲨鱼不喜欢的一种颜色，程序块 LED 灯发出橙色光。

　　作为参考，这里列出了一些反应：

　　● **蓝色**：喜欢的颜色之一。蒂米顿鲨鱼会说"okey-dokey"并咀嚼 1s（在播放嘎吱声文件时下颚和尾部动作）。见图 4-31。

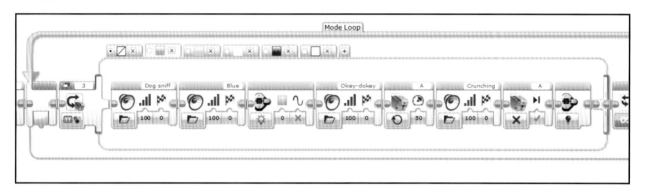

图　4-31

　　● **绿色**：不喜欢的颜色之一。蒂米顿鲨鱼会发出"Boo"的惊呼声，然后快速转身拒绝食物。见图 4-32。

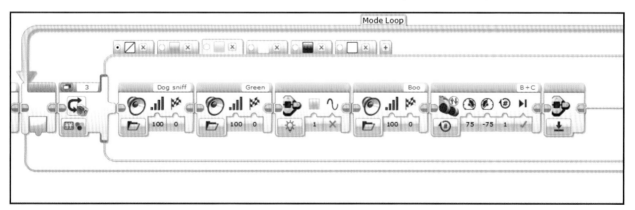

图　4-32

　　● **黄色**：第二个喜欢的颜色。蒂米顿鲨鱼会说得"fantastic"，并且咀嚼几秒钟（与对蓝色砖块的反应非常类似）。见图 4-33。

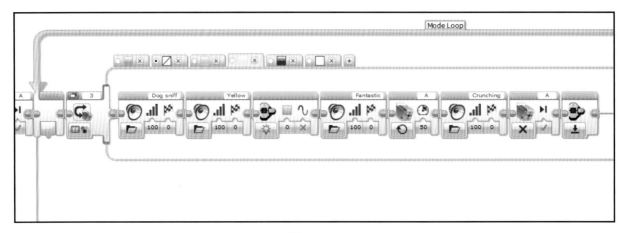

图　4-33

● **红色**：这会让鲨鱼机器人变得烦躁！程序块 LED 灯会发出红色光，而蒂米顿鲨鱼会咆哮。然后，鲨鱼全速前进 3s，它的下颚和尾巴会猛烈地移动。见图 4-34。

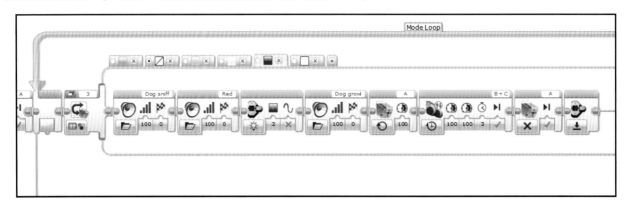

图　4-34

● **白色**：这会引起蒂米顿鲨鱼产生过敏反应！机器人会在抽搐时大声叫喊"uh"，并打喷嚏。见图 4-35。

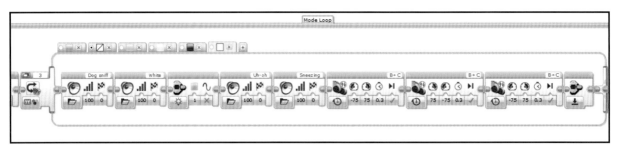

图　4-35

你会想出什么样的创意反应？

4. 娱乐模式

在这个模式下，蒂米顿鲨鱼将来回移动，同时播放一个简单的舞曲，程序块 LED 灯以多色模式闪烁。切换到程序块下边按键高亮的情况分支选项卡，接着放置两个显示模块做该模式的初始化设置，再添加一个 1s 的等待模块、一个中型电机模块（端口 A，"开启"模式，功率 100%）和名称为 "Mode Loop" 的循环模块。见图 4-36。

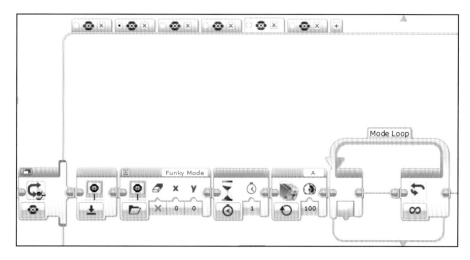

图　4-36

舞蹈、音乐和闪光的代码放置在 "Mode Loop" 循环模块里面。相当直截了当，对吧？这部分代码让蒂米顿鲨鱼演奏一个简单的华尔兹舞曲并跳舞。

呀！这段代码本身并不太困难，但因为你需要对歌曲中的每一个音符和每一个相应的动作进行编程，所以这段代码最终将变得非常烦琐。请注意一共有四行；这个程序从左到右顺序运行，并且当程序运行到每行的末尾时，它将从下一行的开头继续运行。这样做节省空间，并使代码段更容易阅读。见图 4-37。

如果你愿意的话，你也可以尝试更简单的替代方案，如图 4-38 所示。

5. 自动模式

在自主模式下，蒂米顿鲨鱼随机漫游，直到遇到障碍物，然后向前猛冲、停止并在最后一刻转弯。这个模式将类似于我们为欧姆尼陆地车编写的模式，但是我们将介绍一些新的概念。切换到程序块中间按键高亮的情况分支选项卡，编写最后一个操作模式。开始在情况分支中写入惯例的初始化模块，在 "Mode Loop" 循环模块前添加一个 1s 的等待模块。见图 4-39。

在 "Mode Loop" 循环模块内，添加一个切换模块（端口 4，"红外传感器-比较-近程"模式，阈值 < 35），用蒂米顿鲨鱼鼻子上的红外传感器来检测附近的障碍物。

接着编写红外传感器切换模块 "伪" 情况分支中的代码，当附近没有障碍物时将运行这个情况分支。

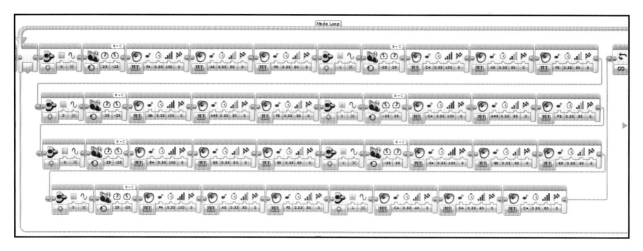

图　4-37

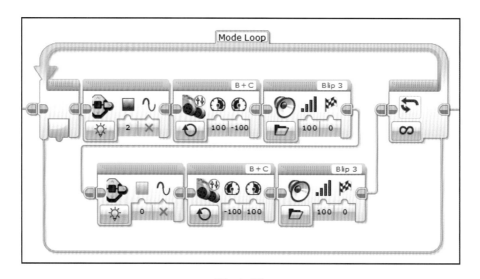

图　4-38

蒂米顿鲨鱼将随机漫游。首先，程序块 LED 灯发出绿色光。接着，在蒂米顿鲨鱼行驶时表现出一种随机效果，我们添加两个随机模块（在红色的数据操作选项卡中可以找到），将两个随机模块的最小值设为 1、最大值设为 100。在随机模块后面添加一个移动槽模块（"开启指定秒数"模式，1s），分别将随机模块的输出连接到移动槽模块的左、右功率输入。这个代码将使两个驱动轮以随机的功率运行 1s。如果视野中依旧没有障碍物，会产生两个新的功率值，以此重复，使得蒂米顿鲨鱼随意漫游。这段代码完成之后应该如图 4-40 所示。

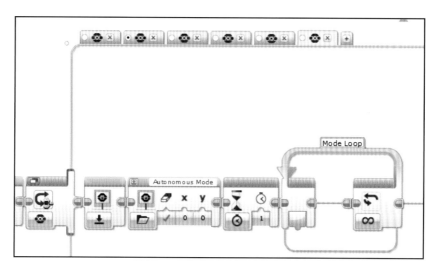

图　4-39

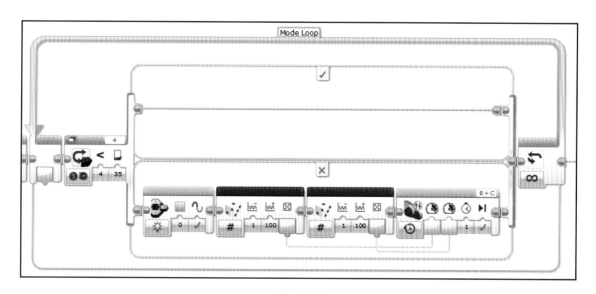

图　4-40

继续编写切换模块的"真"情况分支，蒂米顿鲨鱼面对障碍物时将运行这一情况分支。程序块 LED 灯将会发出红色光，蒂米顿鲨鱼凶残地冲向障碍物，咬动下颚，甩动尾巴。放置一个中型电机模块（端口 A，"开启"模式，100%功率）和一个移动槽模块（端口 B + C，"开启"模式，左右功率均为100%），然后放置一个红外传感器切换模块（端口 4，"红外传感器-比较-近程"模式，阈值≤8）。这个切换模块用来检测蒂米顿鲨鱼是否接近障碍物（如果没有这个模块，那鲨鱼有可能与物品碰撞）。见图 4-41。

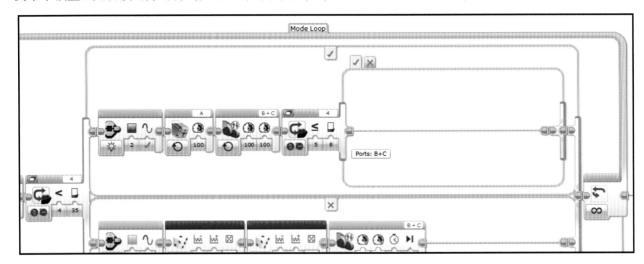

图　4-41

　　在蒂米顿鲨鱼非常靠近物品时运行红外传感器切换模块的"真"情况分支。机器人会停止前进，放置一个中型电机模块和一个移动槽模块，将它们都设置为"停止"模式。接着用两个移动槽模块，让蒂米顿鲨鱼倒退、转向到一个新方向。第一个移动槽模块设置为"开启指定秒数"模式、两个电机功率为 −75%、持续 1s。第二个移动槽模块设置为"开启指定度数"模式、左驱动电机功率为 75%、右驱动电机功率为 −75%、持续 1s。见图 4-42。

　　在此之后，蒂米顿鲨鱼将朝向一个新方向。

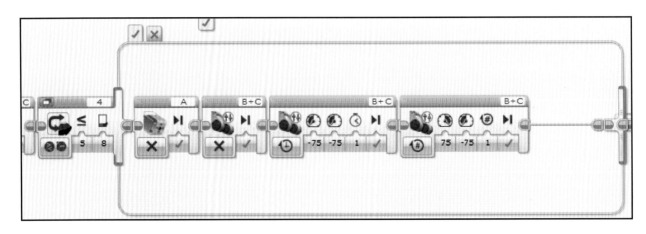

图　4-42

如果蒂米顿鲨鱼在冲刺过程中避开了障碍物，则会运行红外线切换模块的"伪"情况分支。在"伪"情况分支中放置另一个红外线切换模块（端口 4，"红外传感器-比较-近程"模式，阈值≥37）。在新的切换模块"真"情况分支中放置一个中型电机模块和一个移动槽模块，都设置为"停止"模式。见图 4-43。

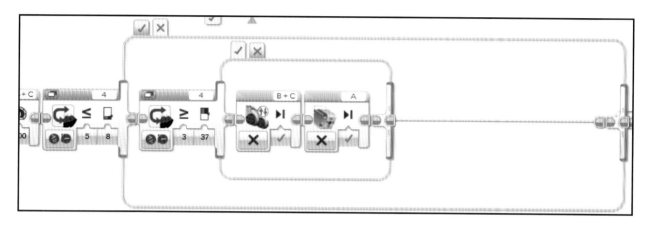

图　4-43

"伪"情况分支怎么办？不用动它，让蒂米顿鲨鱼继续向前冲。见图 4-44。

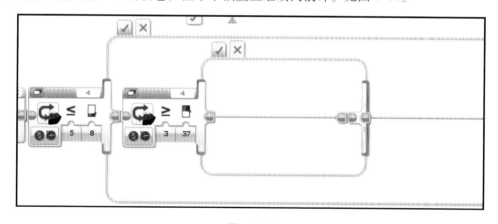

图　4-44

完成程序

图 4-45 就是完成了的蒂米顿鲨鱼的程序，图示中的是大白鲨模式。注意，在这张图中，大白鲨模式编程中最底部的循环被集合成了"我的模块"。我们将在第 6 章中学习"我的模块"。

好好地表扬一下自己吧，你刚刚完成了一个非常复杂的 EV3 程序。现在，你可以享受你的劳动成果，

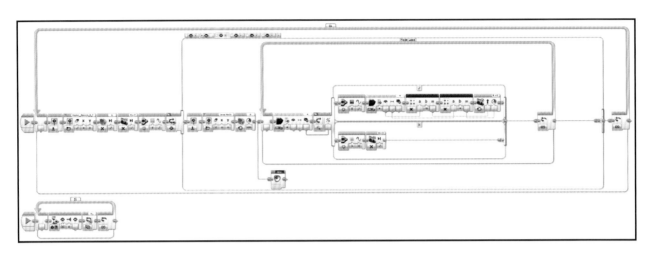

图　4-45

给朋友和家人看看你的新作品。

总结

　　哇，本章我们学习了很多知识！让我们来复习一下。

　　在本章的开始，我们介绍了一些很酷的搭建技巧，如创造独特的外观设计，使用万向轮获得最大的机动性，利用锥齿轮的特性完成平行和 90°的齿轮啮合。然后，我们回顾了在前面章节中学到的一些工程原理，例如坦克式转向（本章中用的是车轮）和凸轮 - 连杆机构。

　　我们还拓展了 EV3 编程的知识。我们学习了如何制作自定义 GUI，然后第一次将颜色传感器和随机模块结合起来。我们再次使用了信标跟踪、坦克式遥控和障碍物检测/回避。在整个编程过程中，我们看到了一些创造性的编程给机器人带来独特个性的例子！

　　最后我们了解到，一个项目可能需要多次修改，直到它足够精良。对于蒂米顿鲨鱼来说，在几年的过程中，它需要经过多次修改才成为一个完备的机器人。当你建造自己的智能机器人时，请记住这一点；如果你需要重新设计它，不要气馁！

　　到目前为止，你的 EV3 知识库正开始变得非常深了。在下一章中，我们将制作另一个交互式机器人，但是会有完全不同的方向。是时候制造格兰特魔兽了，这是我们第一个双足机器人！

第 5 章

格兰特魔兽——古怪的双足机器人

到目前为止，我们已经完成了三个机器人，你的机器人知识库也已变得很庞大了，是时候尝试一下更宏大的项目了。这一次我们要创建一个能用两条腿走路、有着古怪性格的互动机器人——格兰特魔兽！它是一个虚构的外星人，来自遥远的星球，手臂和腿与人类一样，但却有着恐龙般的头部和嘴部。

我们将以全新的方向完成格兰特魔兽的机械设计。到目前为止，我们完成的所有机器人使用的都是有履带或轮子的坦克式传动系统。格兰特魔兽的身上没有轮子，它有一个简单的步行机构，用两条腿四处移动。

与上一章的蒂米顿鲨鱼一样，格兰特魔兽也有几种不同的操作模式，你可以用它的电机和传感器进行有趣的互动体验，它的程序也为它带来了异想天开的个性。在蒂米顿鲨鱼程序中，我们用菜单系统让用户选择不同的操作模式，而在格兰特魔兽的程序中会将所有模式精简为简单的类 AI 程序，根据传感器的状态自动激活正确的操作模式，所有传感器都会持续监测环境中的变化，以启动特定的操作模式。这种类型的程序让机器人的运行更加顺畅，比蒂米顿鲨鱼更为逼真。很智能，对吧？

现在我们就来制作双足步行机器人。见图5-1。

图　5-1

技术要求

你的计算机上必须安装 EV3 家庭版软件 V1.2.2 或更高版本，还应该安装乐高数字设计师（LDD）V4.3 及以上版本的软件。

本章的 LDD 和 EV3 文件可以在中文乐高论坛下载，下载地址：

http://bbs.cmnxt.com/forum-162-1.html

在此还可看到机器人的运行视频。

机械设计

格兰特魔兽的结构设计中使用了许多有趣的技术，我们一起来看一下。

步行机构

格兰特魔兽与本书其他的机器人不同，它没有轮子或履带，而是有一套简单的步行机构，可以用两条腿走路。

两个大型 EV3 电机为腿部供电，每条腿使用一个电机（端口 B 和 C）。每个电机直接驱动一个大型 36 齿锥齿轮，这个齿轮有两个作用：齿轮上的一点与腿部相连接，它相当于一个凸轮；另外它将电机的动力通过一个 12 齿齿轮传递到第二个 36 齿锥齿轮上，这个齿轮也有一点与腿部连接，这是腿部的第二个连接点。当电机转动时，整条腿以圆周运动的方式迈步前进。两条腿的移动彼此独立。见图 5-2。

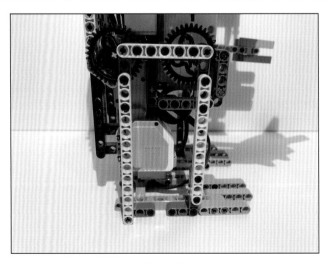

图 5-2

腿部需要支撑整个机器人的重量，因此每条腿都使用另一根梁进行加强，这根梁与腿部电机的红色轮毂直接连接。它作为每条腿的第三个连接点，形成了一个强大的机构。见图 5-3。

图　5-3

步行机构可以让格兰特魔兽四处移动。这种类型的步行机构移动速度非常缓慢，并且不太容易控制，但是考虑到我们只用两个电机和简单的凸轮机构就实现了机器人的步行移动，还是可以接受的。要构建出更平滑、更高效的步行机构需要更多的电机，机械结构也会更复杂。对于格兰特魔兽这个机器人来说，这种类似曳步舞的移动方式已经足够了。

外观设计

视觉外观对机器人非常重要，格兰特魔兽就是这样一个例子。格兰特魔兽是来自外太空的虚构生物，因此外观是机器人个性的重要组成部分。以下是一些对格兰特魔兽的外观有帮助的部分。

首先，格兰特魔兽有一个鳄鱼型的头部，可以电动张合的嘴巴里长满锋利的牙齿。它的头部两侧各有一只明亮的蓝色眼睛，这是用 EV3 扩展套装中的半透明蓝色圆形零件和黑色圆形零件搭建而成的。

格兰特魔兽是直立的，躯干两侧各有一只手臂，形成了人形的姿态。手臂本身极具特点，细节很丰富，甚至还有三个手指。EV3 程序块位于躯干的中心，操作简便。

最后，它还拥有宽阔而坚固的双腿，脚部扁平，前端还有脚趾！

所有这些设计特点汇集在一起，形成了古怪而漂亮的外星生物。见图 5-4。

图 5-4

动作功能

除了用于行走功能的两个电机外，格兰特魔兽还有两个 EV3 中型电机，用于其他动作功能。

1. 嘴部

安装在格兰特魔兽头部后方的 EV3 中型电机（端口 D）可以打开和关闭嘴部。电机带动一个安装在下颚上的凸轮-连杆机构，当凸轮向前转动时，连杆推动下颚的顶部，嘴巴张开；当凸轮向后转动时，连杆带动下颚紧闭嘴巴。这里使用的凸轮与我们以前使用的有所不同，不能连续转动，在嘴巴打开和关闭位置之间，凸轮的旋转角度为 45°。见图 5-5。

2. 手臂

第二个中型电机（端口 A）安装在格兰特魔兽躯干的右侧，可以抬起和放下格兰特魔兽的手臂。电机垂直放置，通过 90° 齿轮连接将动力传递给右臂，齿轮连接的传动比为 3∶1。右臂始终通过该齿轮组机械固定在电机上。见图 5-6。

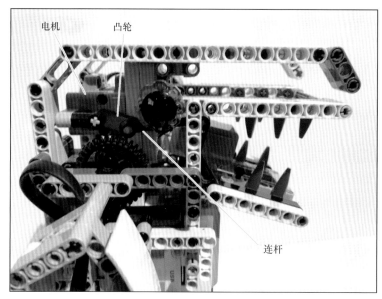

电机　凸轮

连杆

图　5-5

齿轮

电机

图　5-6

这个电机同时也为左臂提供动力，但是左臂并没有机械地锁定在电机上。一个小型离合器将连接到每个手臂上的半轴分隔开来，当电机开始抬起右臂时，左臂断开并不一起抬起；右臂抬起一半时，离合器就会锁定，电机同时抬起左右两臂。

如果你觉得困惑，可以这样想：右臂先抬起，到达中点时，左臂开始向上抬起。

将离合器设计成这种形式，是因为握手模式只要求右臂抬起，但其他模式需要双臂都抬起。在握手模式中，手臂的抬起幅度不需要超过中点，但在其他模式中，双臂是一起抬起的。因此，离合器的机械特性可以满足这两种条件，不需要为每个手臂使用独立的电机。见图5-7。

图5-8的LDD屏幕截图显示了离合器的细节，让我们更清楚地了解它的工作原理。

图片中零件的颜色是为了让你更清楚地了解工作原理。输入轴（右侧）和输出轴（左侧）是两根不直接连接的独立的轴，输入轴固定在电机上，始终随着电机的旋转而旋转，中间的黄色零件连接到输入轴上，当电机开始带动输入轴转动时，在黄色零件旋转到与绿色球销相接触的位置之前，输出轴是静止的；黄色零件与绿色球销接触后，继续旋转，推动绿色球销，让输出轴与输入轴一起转动；离合器现在已经锁住了，将电机的旋转传递到输出轴上。

由于离合器可以让一个电机完成两个工作，并且没有突破零件的使用限制（这个项目使用的电机数量没有超过 EV3 的四个电机的限制），我们可以说，格兰特魔兽配备了一些很智能的硬件！

传感器

为了机器人的运行更为顺畅、用户有更好的交互体验，格兰特魔兽用三个传感器检测环境信息，告

图　5-7

图　5-8

诉机器人应该激活哪一种模式：红外传感器、颜色传感器和触动传感器。

1. 红外传感器

格兰特魔兽的红外传感器（端口 4）安装在躯干的左侧（见图 5-9），隐藏了起来，这样不会影响机器人的整体轮廓。红外传感器主要用作接近传感器，用于检测人是否靠近了格兰特魔兽，触发问候模式。

2. 颜色传感器

颜色传感器（端口 3）安装在格兰特魔兽的嘴部（见图 5-10），和蒂米顿鲨鱼一样，把不同颜色的乐高砖块放在格兰特魔兽的嘴里时，颜色传感器读取颜色，机器人根据不同的颜色做出反应。

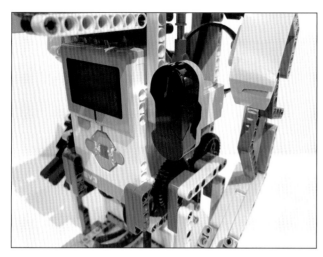

颜色传感器

图　5-9　　　　　　　　　　　　　　　　　　　图　5-10

3. 触动传感器

这是本书中出现的新传感器！EV3 触动传感器是所有传感器中最简单的，它的前部有一个按钮，传感器返回以下两种状态之一：当传感器前面的按钮按下时，则返回"true（真）"；如果按钮没有被按下，则返回"false（伪）"。这种真/伪类型的逻辑被称为布尔逻辑。

格兰特魔兽的触动传感器接入端口 1，安装在右臂（见图 5-11）。格兰特的右手使用了红色的零件，直接安装在触动传感器的前面，当你挤压格兰特魔兽的右手时，触动传感器前面的按钮被按下，传感器返回"真"值；放开格兰特魔兽的右手时，橡皮筋让格兰特右手再次打开，传感器返回"伪"值。这一功能主要用于格兰特魔兽的交互式握手功能。

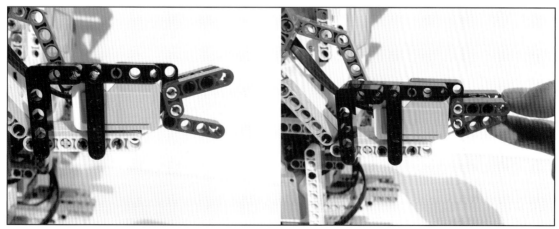

图　5-11

下面我们将要对这些传感器和硬件进行编程，创造一个有凝聚力的交互式机器人！

编写程序

与蒂米顿鲨鱼一样，格兰特魔兽也有一个包含所有互动功能的大型程序。但是蒂米顿鲨鱼要求用户使用自定义 GUI 切换各种模式，格兰特魔兽有一个更为复杂的程序，可以持续监控每个传感器并自动激活相应的模式。格兰特魔兽能够在各操作模式之间无缝转换，无须用户干预，这让它看起来更逼真。让我们来看看如何编写这个特殊的交互程序！

设置一个简单的 AI

因为格兰特魔兽能够自主决策并模仿智能生物，我们可以认为它的程序是一个简单 AI 的例子，这就是说，格兰特魔兽是我们迄今为止创建出的最聪明的机器人！

在上一章中，蒂米顿鲨鱼的程序由一个主切换模块组成，按下程序块上不同的按键可以激活不同的操作模式。格兰特魔兽使用的方法更复杂，为了模仿出自主决策，程序中使用了一系列嵌套切换模块。每个切换模块监控不同的传感器，如果传感器的检测结果满足于预定义参数，则激活相应的操作模式；反之，则程序继续运行，检查下一个传感器；如果所有切换模块都返回"伪"，则格兰特魔兽处于空闲状态，并再次检查传感器。

> 在编程环境中，嵌套切换模块是指将切换模块放置在另一个切换模块中的做法。这是创建复杂控制系统的有效方法，多次嵌套为机器人创建了一个多层次的决策过程。在格兰特魔兽程序中，嵌套了几个切换模块，每个切换模块检查一个传感器的参数。

我们已经了解了嵌套的概念，可以继续为格兰特魔兽的决策程序建立框架了。

1. 初始代码

设置程序代码的第一部分。格兰特魔兽要使用 EV3 显示屏来显示有关程序状态的信息，因此我们要添加的第一个程序模块是重置 EV3 显示屏。然后，添加一个循环模块，并将其设置为"无限制"模式。与本书前面各个项目的程序一样，其他程序代码都将放在这个主循环中。

我们还要再放置两个程序模块。在循环模块内部，添加一个显示模块，在 EV3 显示屏上显示"No Mode"，这表示格兰特魔兽处于空闲状态。然后再添加一个模块，将程序块状态灯更改为绿色，格兰特魔兽将在程序运行过程中用程序块状态灯增强交互式体验，并指示机器人的状态。见图 5-12。

2. 嵌套切换模块

第一个切换模块检查颜色传感器的状态，用于激活饥饿模式。添加一个切换模块，并设置为"颜色

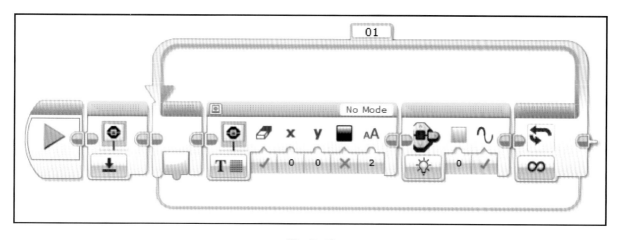

图 5-12

"传感器-比较-颜色"模式,检查一下是否已选择端口 3。然后,将颜色集定义为［1;2;3;4;5;6;
7］,这是颜色传感器可以检测的颜色(分别为黑色、蓝色、绿色、黄色、红色、白色和棕色),也就是
说,当任何颜色的乐高积木被放入格兰特魔兽的嘴中时,切换模块返回"真"值,饥饿模式自动激活。
请注意,在这里"无颜色(ID 0)"是被排除掉的,那是因为如果颜色传感器没有检测到颜色,切换模块
返回"伪"值,程序将检查下一个传感器。见图 5-13。

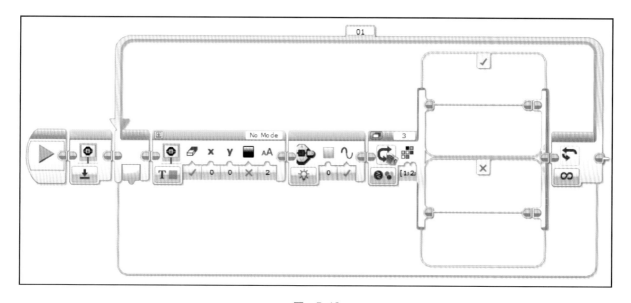

图 5-13

　　与传感器对应的各操作模式的程序代码分别位于每个切换模块的"真"情况分支中。我们暂时不考虑各切换模块的"真"情况分支，先完成这个简单 AI 的框架设置。在下一节中，我们再为每个切换模块的"真"情况分支填写操作模式的程序代码。

　　在"伪"情况分支中，我们放置另一个切换模块，检查下一个传感器，这是嵌套切换模块开始的地方。第二个切换模块要设置为"红外传感器-比较-接近"模式，阈值设置为"小于或等于30"，传感器端口为4。这个切换模块要用红外传感器检查附近是否有人，如果有人接近则激活握手模式，如果无人接近则程序将检查下一个传感器。

　　第一层嵌套切换模块如图 5-14 所示。

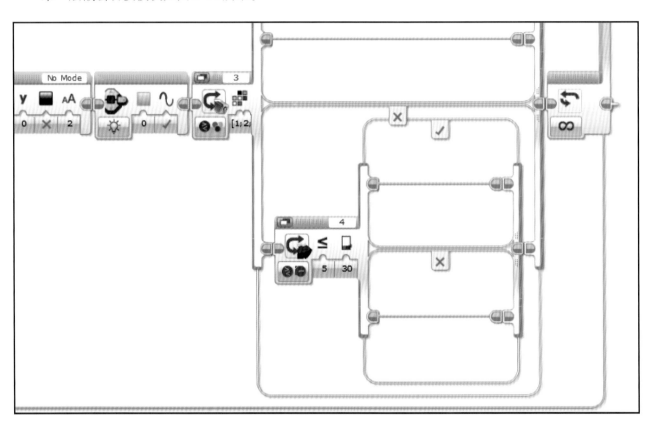

图　5-14

　　下一个嵌套切换模块还是检测红外传感器，但这次红外传感器处于红外接收器模式。这个切换模块会激活遥控模式，即格兰特魔兽的遥控功能。切换模块设置为"红外传感器-比较-远程"模式、端口4、通道1。遥控按钮 ID 的集合为 [1；2；3；4；5；6；7；8；9]。

　　这与我们对颜色传感器切换模块的操作相类似：我们选择了几乎所有的按钮 ID，在遥控器上无论按下哪一种按钮组合，都能激活遥控模式。请注意，我们并没有将 ID10 和 ID11 包含在其中，这是有意而为之，因为这两个按钮组合要用于退出遥控模式，稍后我们会用到它们。见图 5-15。

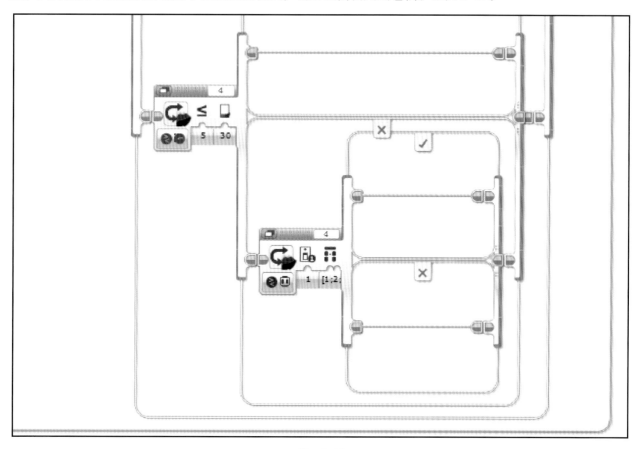

图　5-15

　　现在，将另一个切换模块放在前一个切换模块的"伪"情况分支中，这个切换模块监视 EV3 程序块中间按钮的状态，并激活格兰特魔兽的暴怒模式。切换模块设置为"程序块按钮-测量"模式（请注意，这是唯一一处于测量模式而非比较模式的切换模块），在顶部的情况分支选择按钮 ID 2（中间按钮），在底部的情况分支选择按钮 ID 0（无按钮）。然后，将底部的情况分支设置为默认情况。完成设置后的切换模块如图 5-16 所示。

　　我们只剩下最后一个切换模块了！这个切换模块监视触动传感器，并激活另一种握手模式，这是由用户交互触发的握手模式。将切换模块设置为"触动传感器-比较-状态"模式，选择状态 1（按下传感器），然后选择端口 1。这是我们第一次为触动传感器编写程序，你已经看到了，这个传感器非常简单，按下传感器后，切换模块返回"真"值，并激活握手模式；如果传感器按钮没有被按下，则切换模块返

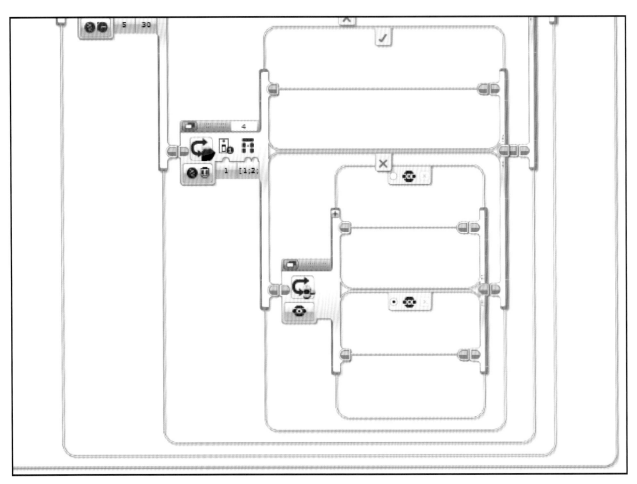

图　5-16

回"伪"值。见图5-17。

　　我们已经完成了切换模块的嵌套，拥有了一个 AI 程序的通用框架。如果你要制作具有分层决策过程的智能机器人，可以在这个通用框架的基础上调整程序代码，添加、减少和编辑切换模块及其配置的传感器。

　　格兰特魔兽程序中的传感器检查顺序最大限度地减少了切换模块的相互干扰，降低了由此导致程序失败的可能性，当你为自己的智能机器人调整此程序代码时，请一定要考虑这一点。

为各操作模式编写代码

　　我们已经完成了程序的决策逻辑，现在可以开始将各操作模式的代码填入切换模块了。

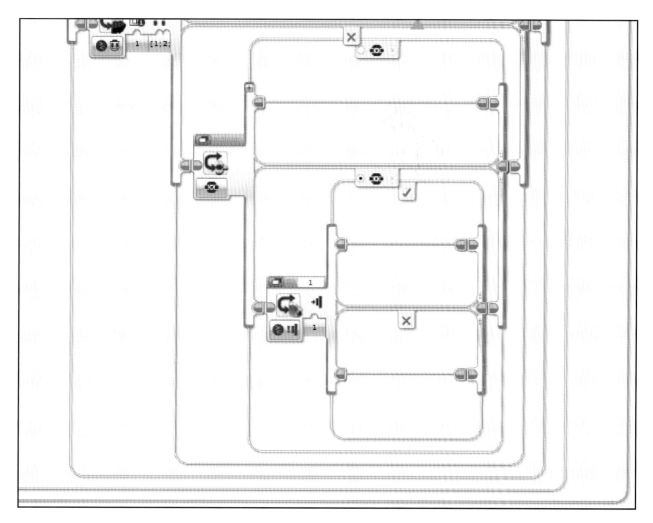

图　5-17

1. 饥饿模式

这个饥饿模式是对上一章蒂米顿鲨鱼饥饿模式程序的回顾，两者非常相似。这部分程序代码要放入颜色传感器切换模块的"真"情况分支中。

前面几个模块将初始化操作模式。添加一个在程序块屏幕上显示"Hungry Mode（饥饿模式）"的显示模块、一个关闭程序块 LED 灯的模块和一个切换模块（"颜色传感器-测量-颜色"模式，端口 3）。在切换模块后面放置一个移动槽模块，设置为电机 B + C"关闭"模式。见图 5-18。

显示模块后面的蓝色是什么？这是一个注释模块。它有什么作用吗？没有！那就对了。注释模块是

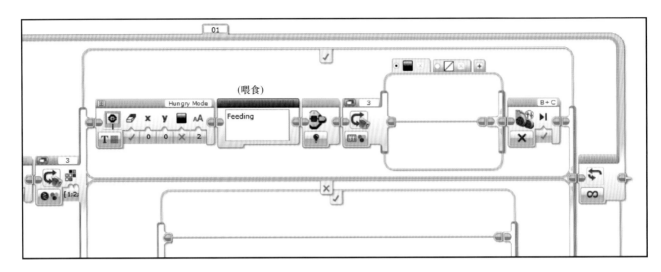

图　5-18

程序员在程序中留下说明的一种方式，它们不会影响机器人执行程序代码。注释模块非常有用，它们可以存储程序当时正在执行的操作的信息。在这里，注释模块起到标签的作用，表示这是控制饥饿模式的程序部分。使用注释模块不仅是一种良好的编程习惯，而且随着程序变得越来越复杂，注释模块的作用也越来越重要。在基于文本的编程语言（如 C、Python 或 Java）中，注释甚至可以用于临时删除一段代码，成为很好的调试工具！

 TIP　　在程序代码中使用注释，不仅更易于查询程序内容，还能帮助不熟悉你程序代码的人更易于理解它。注释代码是最成功的专业程序员的基本功，所以从现在开始养成添加注释的习惯！

　　现在我们应该设置那个切换模块了。为切换模块添加几个情况分支，并为每个情况分支分配你希望格兰特魔兽做出反应的颜色，确保情况分支中要包含未检测到颜色时执行的空情况分支，还要将其设置为默认的情况分支。见图 5-19。

　　在切换模块的每个情况分支中，我们要为格兰特魔兽对指定颜色做出的反应编写程序。你可以按照自己的想法让格兰特魔兽对不同的颜色块做出有创意的反应动作。

　　以下是给格兰特魔兽喂食某种颜色块时可能的反应例子。每次给它喂食颜色块时，程序块 LED 灯亮起，表明它是否喜欢这种食物，它说出颜色块的具体颜色，并做出某种动作。

　　例如，给它喂食蓝色块（它喜欢的一种食物）时，程序块 LED 灯变成绿色，格兰特魔兽说出颜色的名称，并发出"Mmmm"的声音表示它很满意，接着发出几秒钟咀嚼时的嘎嘎声，用循环模块移动

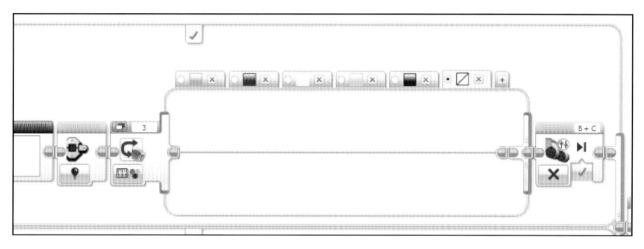

图　5-19

它的下颚，模拟出咀嚼的效果。然后，它张开嘴巴，让蓝色块掉下来，等待下一块食物，最后闭上嘴巴。见图 5-20。

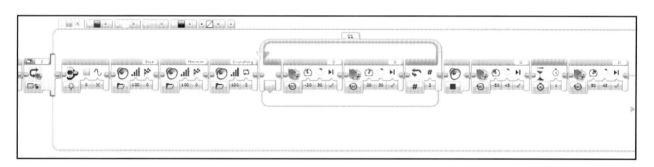

图　5-20

> **i** 　　注意，饥饿模式中使用了一些自定义声音文件，这些文件是使用 EV3 编程环境中的声音编辑器制作而成的。你可以在菜单项"工具"一栏中找到声音编辑器，使用方法非常简单，你可以用它记录、导入和编辑声音，然后保存于自己的项目中。

　　红色块是格兰特魔兽喜欢的另一种食物。如果它的嘴巴中被放入了红色块，它会发出欢呼声"Yum"，并以类似的方式做出反应。见图 5-21。

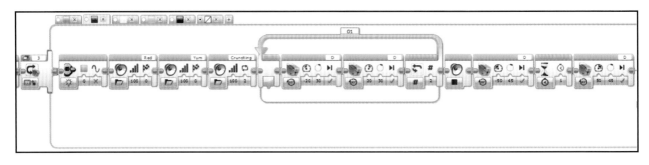

图 5-21

格兰特魔兽不喜欢黄色块！如果它吃到黄色块，程序块 LED 灯亮起橙色灯光，它会吐出自己不喜欢的食物。见图 5-22。

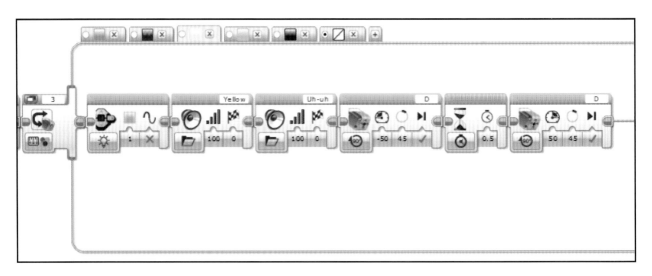

图 5-22

格兰特魔兽也不喜欢绿色食物，会以类似的方式拒绝它们。见图 5-23。

棕色块引发的反应最有趣！程序块 LED 灯会亮起红色灯光，格兰特魔兽呻吟一声"Ugh"，然后它会发狂：把双臂举向空中，张开嘴巴，四处走动。见图 5-24。

最后，我们还有一个空情况分支，告诉格兰特魔兽嘴中没有食物时什么都不做。这个情况分支有点多余，但它可以充当程序的故障保护，保证程序平稳运行。见图 5-25。

2. 握手模式

如果格兰特魔兽的红外传感器检测到附近有人，它会伸出手臂用握手的方式迎接来访者。格兰特魔

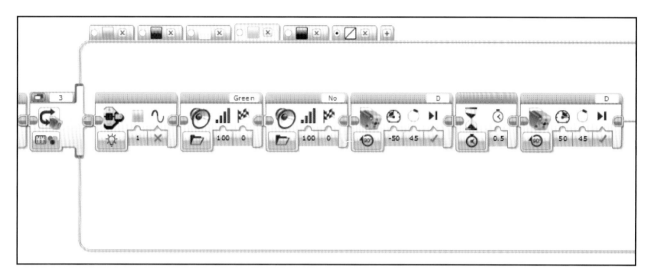

图　5-23

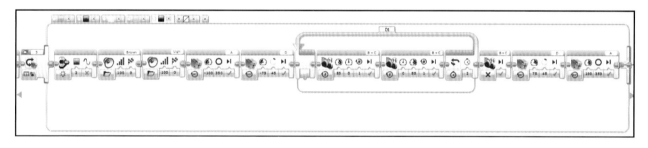

图　5-24

兽伸出手臂 3s，如果来访者接受了它的好意，格兰特魔兽手中的触动传感器将检测到来访者正在挤压它的手，它会摇动手臂；如果它在 3s 内没有检测到来访者与自己握手，它的手臂不会摇动，并且会放下手臂。这是另一种新颖的互动方式，为格兰特魔兽提供了丰富的互动体验。

握手模式程序序列的第一步是添加通常的初始化代码：用显示模块将 "Handshake（握手）" 显示在 EV3 屏幕上，再将 EV3 程序块状态灯显示橙色灯光。你应该还记得如何用注释模块对程序序列加以标注，供以后参考。见图 5-26。

下一步是添加一个中型电机模块（"开启指定度数" 模式，−100% 功率，150°，端口 A），这个模块让格兰特魔兽将手臂抬起一半（这就是我们之前提到的离合器机构派上用场的地方）。然后，格兰特魔兽播放自定义声音文件介绍自己。此后，我们放置一个循环模块，设置为 "时间" 模式，循环 3s，将这个循环模块命名为 "Handshake"。这个循环模块让格兰特魔兽等待 3s，等待来访者回复它的问候。见图 5-27。

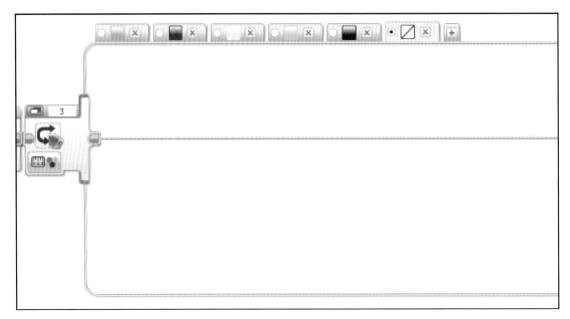

图 5-25

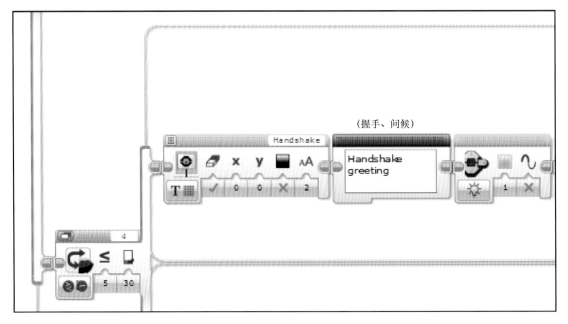

图 5-26

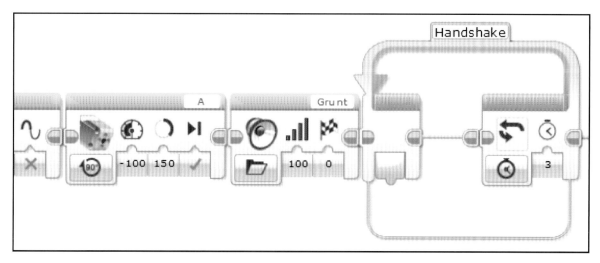

图　5-27

现在我们编写"Handshake"循环模块内部的代码。添加一个切换模块（"触动传感器-比较-状态"模式，状态 1，端口 1）并设定为选项卡视图，这个切换模块检查格兰特魔兽的手现在是否被挤压了，如果被挤压了，格兰特魔兽将完成握手的动作。在切换模块的"真"情况分支中放置一个让程序块 LED 灯点亮绿色灯光的模块，表示确认接受握手。

然后添加另一个循环模块，设置为"计数"模式，循环重复 5 次。在新的循环模块中放置两个中型电机模块，第一个电机模块设置为"开启指定度数"模式、65% 功率、75°、端口 A，第二个电机模块设置为"开启指定度数"模式、–65% 功率、75°、端口 A。循环模块运行时，格兰特魔兽上下移动右臂 5 次做出握手的动作。

在循环模块之后（依然在触动传感器切换模块的"真"情况分支中），放置循环中断模块以中断"Handshake"循环模块的运行，这个循环中断模块将结束格兰特魔兽的 3s 等待。见图 5-28。

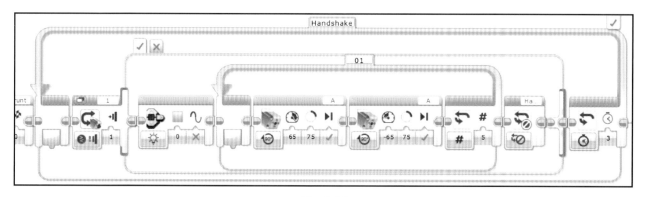

图　5-28

在触动传感器切换模块的"伪"情况分支中没有程序代码，如果触动传感器没有检测到格兰特魔兽的手被挤压，格兰特魔兽将继续等待。

握手模式程序序列的最后一个模块将格兰特魔兽的手臂返回到静止位置，这是使用了中型电机模块（"开启指定度数"模式，50% 功率，150°，端口 A）完成的。见图 5-29。

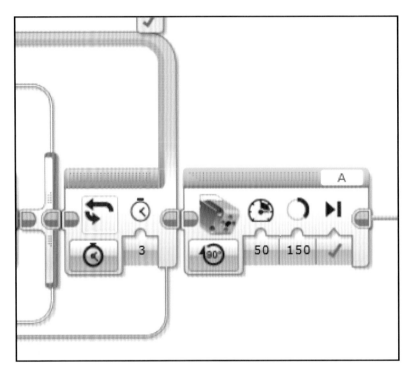

图　5-29

3. 遥控模式

顾名思义，在这个模式下用户可以用 EV3 红外遥控器控制格兰特魔兽。该模式的程序序列放在第二个红外传感器切换模块的"真"情况分支中。

首先添加一个显示模块，在 EV3 程序块屏幕上显示"RC Mode"。再添加注释模块作为这段代码的标签。然后添加一个循环模块，设置为"红外传感器-比较-远程"模式、频道 1、端口 4，远程按钮 ID 集合中选择 10 和 11。这两个按钮 ID 是我们保留下来用以退出遥控循环模块。最后，务必要把循环模块命名为"RC"。见图 5-30。

在"RC"循环模块中放一个切换模块，设置为"红外传感器-测量-远程"模式、频道 1、端口 4，然后为它添加情况分支，并为每个情况分支分配你想用来控制格兰特魔兽的不同按钮组合，确保不要使用按钮 ID10 和 11，因为它们是为了退出循环模块而保留的。将空情况分支（没有按钮被按下）设为默认

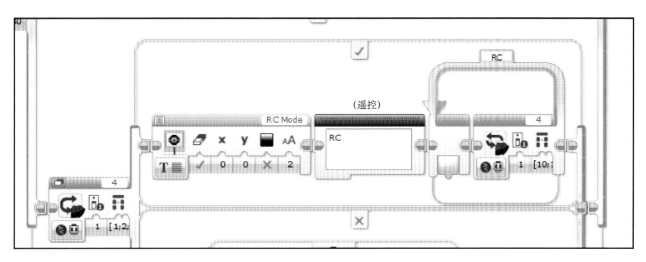

图　5-30

情况分支，并在其中放置一个移动槽模块用于停止电机转动。见图 5-31。

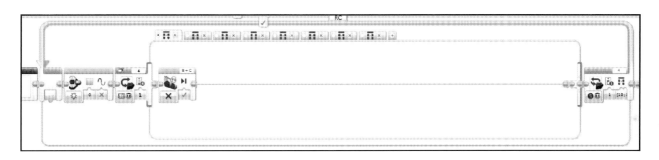

图　5-31

　　然后你可以按照遥控器上的按钮组合在每个情况分支中填入代码，控制格兰特魔兽的腿部运动。单独解释如何编写每个情况分支中的代码需要花费很长的时间，但是这里有一些你可以遵循的指导原则：85% 是行走的最佳功率水平，负功率让格兰特魔兽向前迈步；为了获得最佳的步行动作，请使用移动槽模块，移动每条腿需要让电机旋转 1 圈。

　　例如，下面就是格兰特魔兽的左腿向前迈出一步，使其向右转身的代码。见图 5-32。

　　下面是让格兰特魔兽向前迈进的代码，请注意，每条腿单独移动 1 圈。见图 5-33。

　　你可能希望用遥控器顶部的按钮激活格兰特魔兽的暴怒程序序列，我们将在下一节介绍如何编写这部分程序代码。由于遥控器顶部按钮是一个切换开关，因此在这个情况分支中需要在程序代码的末尾添加一个循环中断模块，结束 "RC" 循环模块的运行，这将结束遥控模式的程序序列。见图 5-34。

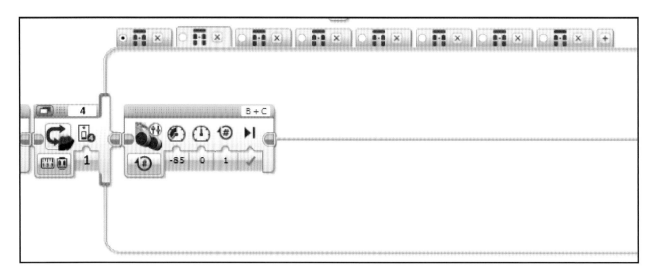

图   5-32

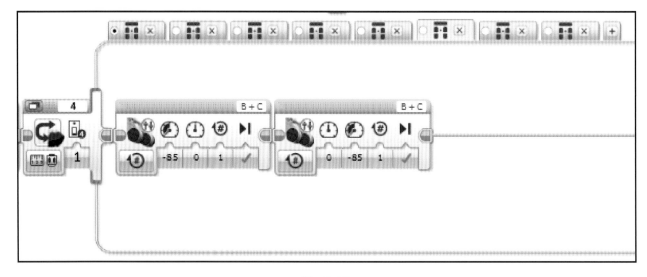

图   5-33

4. 暴怒模式

如果 EV3 程序块的中间按钮被按下，格兰特魔兽会挥舞手臂、来回跺脚，然后咆哮起来。暴怒模式的程序序列要放入程序块按钮切换模块的"真"情况分支中，我们从常规的设置代码——显示模块和程序块状态灯模块开始。见图 5-35。

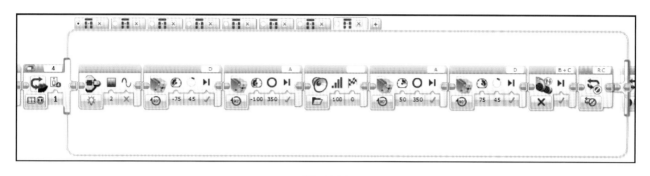

图　5-34

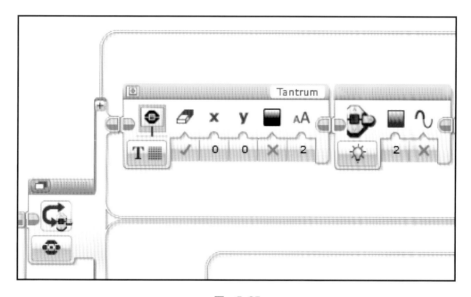

图　5-35

　　接下来，格兰特魔兽将双臂举过头顶，添加中型电机模块（"开启指定度数"模式，−100%功率，350°，端口A）。第二个中型电机模块（"开启指定度数"模式，−100%功率，350°，端口D）让它张开嘴巴。声音模块播放自定义声音文件，发出强劲的咆哮声。见图5-36。

　　然后放置一个循环模块，设置为"计数"模式，重复运行5次，并命名为"Angry"。在循环模块内放置两个移动槽模块，第一个移动槽模块设置为"开启指定圈数"模式，电机B：−85%功率，电机C：0%功率，1圈；第二个移动槽模块与第一个模块的设置相同，但左/右电机的功率水平要反过来（"开启指定圈数"模式，电机B：0%功率，电机C：−85%功率，1圈），这段代码会让格兰特魔兽跺脚几秒钟。见图5-37。

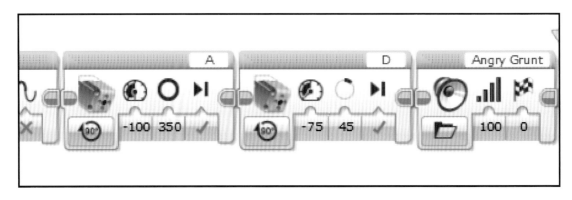

图 5-36

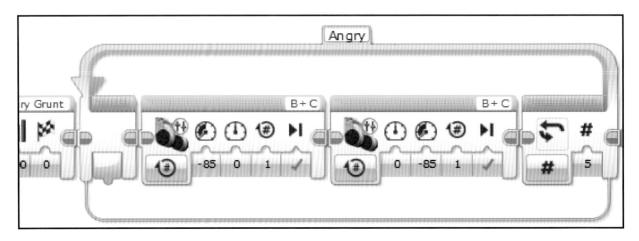

图 5-37

　　格兰特魔兽愤怒之后平静下来，回到休息位置，每个电机都重置到原始位置。第一个中型电机模块（"开启指定度数"模式，75%功率，45°，端口 D）让嘴巴回到关闭位置，第二个中型电机模块（"开启指定度数"模式，100%功率，350°，端口 A）让手臂回到身体侧面，最后一个移动槽模块（"关闭"模式）停止两条腿的电机，让它停下来。见图 5-38。

5. 握手模式——交互式触发

　　程序序列中的最后一个切换模块是触动传感器切换模块，这是触发握手模式的另一种方法，由用户来启动握手，格兰特魔兽会运行握手程序序列来响应。见图 5-39。

　　这个切换模块中程序代码与我们之前编写的握手模式的程序代码完全相同，有关如何编程的详细说明，可以参阅那一部分。见图 5-40。

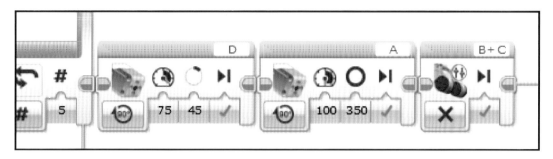

图 5-38

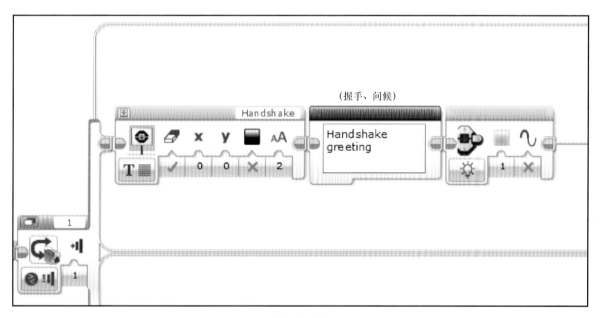

(握手、问候)

图 5-39

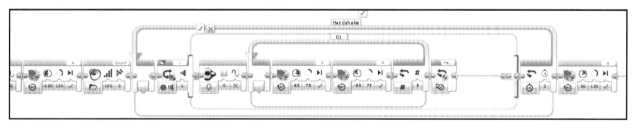

图 5-40

6. 空情况分支

空情况分支是指触动传感器切换模块（程序序列中的最后一个切换模块）的"伪"情况分支。如果没有传感器检测到任何所需参数，则执行该情况分支。因为没有激活任何模式，格兰特魔兽处于空闲状态，再次检查传感器，等待，直到其中一个参数被满足。见图 5-41。

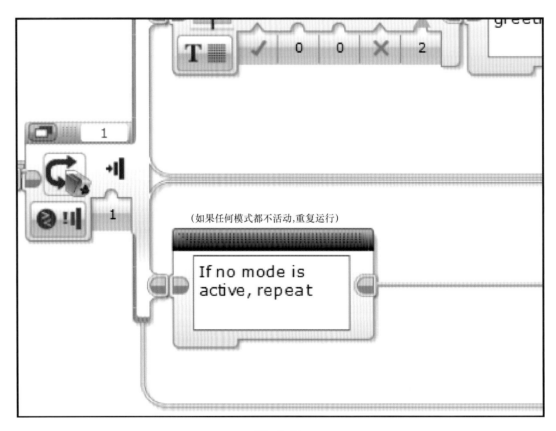

图　5-41

完成程序

就这样，你完成了格兰特魔兽的程序！图 5-42 显示了完整的程序以及嵌套切换模块相互之间的关系，也让我们更清楚地看到了这个程序的规模。

虽然这个程序对于 EV3 机器人来说非常复杂，但它是个非常好的程序，提供了丰富的交互式体验，并且是真实世界智能机器人使用嵌套切换模块做出复杂决策的很好例子。程序本身就是一个非常简单的 AI 实例！复杂的决策和预编程的响应方式共同创造了一个个性古怪、栩栩如生的机器人。

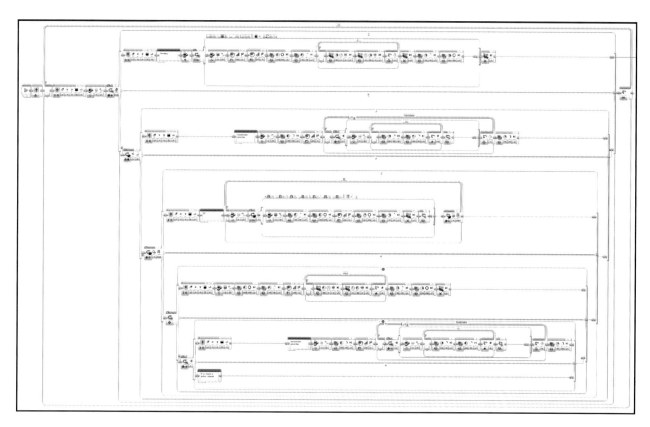

图　5-42

总结

这是到目前为止我们完成的最为复杂的 EV3 机器人！让我们回顾一下刚刚学到的东西。

格兰特魔兽是一个双足机器人，我们第一次离开了坦克式的运动方式，制造了一个走路而不是行驶的机器人，了解了格兰特魔兽随意移动的简单步行机构。我们还讨论了外观设计的一些特点，这些特点有助于塑造格兰特魔兽的性格，让我们看到了一个来自遥远星球的异类生物。我们重新审视了凸轮和传动比，然后引入了一种全新的机构，一种类似离合器的锁定轴。格兰特魔兽的机械设计展示了这种机构如何用一个电机创建两种不同的运动，一种运动延迟于另一种运动。当你设计自己的智能机器人时，这是一个很好的概念。

我们编写了最复杂的程序，一个简单的 AI，可以连续读取所有传感器并无缝切换到正确的操作模式，让格兰特魔兽在拥有逼真外观的同时模拟出智能行为。我们学习了嵌套，即将切换模块放在切换模块内的做法，并讨论了在代码中添加注释的优点。我们还用到了一种新的传感器——触动传感器。最后，我们看到了如何将创意编程功能（如自定义声音、LED 灯、交互式电机等）结合在一起为机器人提供有趣的个性！

　　格兰特魔兽是我们制作的最聪明的机器人！在下一章中，我们将了解一些智能硬件，以及我们的猎鹰赛车机器人如何拥有智能，即使是在遥控程序中也是如此。

第 6 章

猎鹰——遥控赛车

到目前为止，我们已经完成了几个坦克式转向的机器人和一个行走的双足机器人。在本章中，我们要做一个全新的机器人：打造一款猎鹰遥控车（见图6-1）！猎鹰遥控车的转向方法与我们在前面几个机器人上看到的不同，简称为汽车转向系统。我们还将了解汽车式动力传动系统，将猎鹰车与现实世界中汽车使用的机构联系起来。我们将专门研究猎鹰车的动力传动系统如何给它带来赛车的速度和灵活性。

在一本讲解智能机器人的书中出现了遥控车，这可能看起来很奇怪。根据定义，智能机器人必须依据环境做出决策，并做出相应的反应。因此，如果我们用遥控器控制机器人，那么这个机器人怎么会是智能的呢？你很快就会发现猎鹰车中使用的汽车式转向编程非常智能，转向时必须使用旋转传感器持续监控自己的位置，并自动返回中心。即使用户给猎鹰车一个命令，EV3 也必须协调几个不同的动作，并监视传感器的状态以成功执行命令。此外，猎鹰车使用了一些特殊的智能硬件，使其像汽车一样转向。由于猎鹰车拥有智能硬件和软件，即使是人类在用遥控器控制它，我们仍然可以认为它是智能的。

我们现在来看看这款时尚的速度机器是如何工作的。

图　6-1

技术要求

你的计算机上必须安装 EV3 家庭版软件 V1.2.2 或更高版本，还应该安装乐高数字设计师（LDD）V4.3 及以上版本的软件。

本章的 LDD 和 EV3 文件可以在中文乐高论坛下载，下载地址：

http://bbs.cmnxt.com/forum-162-1.html

在此还可看到机器人的运行视频。

机械设计

猎鹰遥控车采用了独特的机械设计，与现实世界中汽车所使用的某些结构相似。这些智能硬件让猎鹰车的驾驶速度更快、更平稳。

猎鹰遥控车的动力传动系统和转向系统与我们在本书中讨论过的任何内容都不同。在前面的章节中，我们搭建了坦克式驾驶的机器人，两台 EV3 大型电机为机器人提供动力，每个大型电机驱动一侧的轮子或履带。这是一种直接驱动的方式，即驱动电机直接与车轮/履带连接，其间没有任何齿轮或其他机构，机器人通过改变两个电机之间的功率分配来转向。

猎鹰遥控车的动力传动系统与以前的机器人唯一相似之处就是它也是由两个 EV3 大型电机提供动力的。在猎鹰遥控车或汽车的驱动系统中，动力和转向是两个独立的功能，驱动电机用于向前推进机器人，而单独的电机控制车的前轮，这与坦克式转向中驱动电机同时处理动力和转向是不同的。

由于猎鹰遥控车的驱动和转向机制彼此独立，我们会在不同的章节加以讨论。此外，我们还会研究一下这辆车的视觉设计和用到的传感器。

传动系统

猎鹰遥控车的动力传动系统使用了相当多的活动部件，是真实车辆传动系统的简化版本。猎鹰遥控车的动力传动系统被归类为后轮驱动（RWD），推动汽车的动力通过后轮传递到地面。这是最简单的系统，后轮专用于驱动，前轮专用于转向。现实世界的汽车也常使用前轮驱动和全轮驱动，但需要更为复杂的驱动系统。

1. 驱动电机

了解猎鹰遥控车动力传动系统最合理的方法是按照转矩从电机传递到车轮的顺序进行研究。位于车子后部的两个 EV3 大型电机（端口 B 和 C）为推动车子前进提供动力，它们是硬耦合，两个大型电机与轴固定在一起，始终以相同的速度和方向旋转。

拆下 EV3 程序块后，可以看到两个驱动电机和大部分动力传动系统。见图 6-2。

2. 齿轮传动比

两个驱动电机通过传动比为 1∶3 的 90° 齿轮组传递动力。在前面的章节中，我们曾利用传动比为电机

图　6-2

提供机械效益，以牺牲速度为代价增加转矩。现在我们做的事情正好相反，猎鹰遥控车使用的齿轮组将驱动电机的输出速度乘以三倍，但牺牲了转矩。因为两个 EV3 大型电机提供了足够的转矩，我们选择这种齿轮设置，牺牲了转矩，让猎鹰车达到更高的速度。

90°齿轮组通过纵向延伸的短轴重新改变了电机转矩的方向，这根短传动轴又将转矩传递给后轴。

 在汽车的概念中，沿汽车长度方向（前/后）延伸的轴被称为纵向轴，沿汽车宽度（左/右）方向延伸的轴称为横向轴。

3. 差速器

后轴上还有另一个 90°齿轮连接，把转矩从纵向短传动轴传递到横向后轴上。但这不是普通的齿轮连接，这是一个被称为差速器的特殊机构。见图 6-3。

差速器有什么作用？我们先来了解一下汽车式驱动系统的一个基本问题。当汽车转向时，它会产生一个很大的弧形转弯，外侧车轮比内侧车轮行驶的距离更远，因此外侧车轮必须更快地行驶以补偿它们增加的行进距离。如果驱动轮通过一根轴连接起来，则发动机始终为两个车轮提供相同的转矩，这意味着两个驱动轮将始终以相同的速度旋转。这是一个问题，因为汽车不可能实现转弯。

差速器可以让两个驱动轮在电机为它们提供动力时以不同的速度旋转。小齿轮（在本例中是土黄色的 20 齿锥齿轮）将动力传递给灰色差速器外壳上的大齿圈，这种 90°设置称为环形齿轮组。

差速器内部有三个小的土黄色锥齿轮，每个后轮连接到后轴的一半，这两个半轴彼此半独立，但通过这三个齿轮的啮合连接在一起。右侧锥齿轮直接连接到后轴的右半部分，左侧锥齿轮连接到左半部分，中心锥齿轮安装在差速器的壳体上。中心齿轮与差速器壳体一起转动的同时也能自由旋转，这样差速器就能改变后轴每一半的旋转速度以满足转弯所需的速度。

差速器有不同的类型。这里使用的类型称为开放式差速器，因为它允许轴的两半旋转并自由地改变速度。这是最简单的差速器类型，但缺点是如果一个车轮卡住或被抬离地面，转矩将始终沿着阻力最小的路径传动，这会让汽车陷入困境，限滑差速器解决了这个问题，但更复杂。由于猎鹰遥控车的所有车轮通常始终稳稳地放在地面上，因此我们使用开放式差速器就足够了。

差速器是现实世界汽车的一种优秀智能硬件，它能改变发送到每个车轮的转矩，为动力传动系统

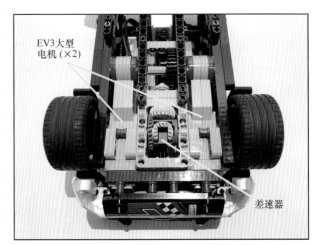

图 6-3

增加了被动智能，实现平稳转弯。在差速器之后，转矩通过各自的后轴半部分达到每个后轮，让猎鹰遥控车向前行驶。

4. 最终传动比

动力传动系统的最终传动比是指从第一个输入到最终输出的整个动力传动系统的总传动比。在猎鹰遥控车中，它是指驱动电机和后轮之间的整体传动比。最终传动比是有用的，因为虽然在一个动力传动系统中可能有许多不同的齿轮组，各齿轮组具有不同的传动比，但它给了我们一个从整体看机构的大图像。

要计算最终传动比，只需将每个齿轮组的传动比相乘即可。在猎鹰遥控车中，有两个齿轮组可以改变转速，第一个是直接连接到驱动电机的 90° 齿轮组，传动比为 1∶3；第二个是差速器上的环形齿轮组，20 齿小齿轮驱动 28 齿齿环，传动比为 1.4∶1，也可以用小数形式表示为 0.714。

3 乘以 0.714，得出猎鹰遥控车的最终传动比为 1∶2.142，该传动比表示驱动电机每旋转 1 圈，后轮旋转 2.142 圈。

5. 转向机构

猎鹰遥控车使用的转向机构与现实世界汽车中使用的相类似，使用转向齿条让前轮向右或向左转动，以完成转向。一个 EV3 中型电机（端口 A）控制转向。见图 6-4。

齿条齿轮机构用于操纵猎鹰遥控车的前轮转向，这也恰好是现实世界中汽车最常用的转向方法。我们制作欧姆尼陆地车时曾用过齿轮齿条机构，用齿轮从一侧到另一侧滑动长齿条。齿轮齿条机构是一种线性执行器，它将旋转运动转换为线性运动。在猎鹰遥控车中，这种线性运动用于推动或拉动每个前轴所连接的杠杆，使两个前轮向一个方向转动以使汽车转向。

拆除中型电机和一些装饰面板后，可以看到齿轮齿条式转向机构。见图 6-5。

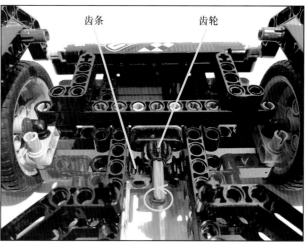

图 6-4

图 6-5

在本章后面，我们将讨论如何为这种平滑的、汽车式转向机构编写程序，让其返回中心。

6. 外观设计

与蒂米顿鲨鱼和格兰特魔兽一样，视觉外观是构建猎鹰遥控车时要考虑的重要设计因素。猎鹰车外观设计的各个元素共同作用，让汽车外观时尚，并暗示着自己有着惊人的速度。

车子前部覆盖有面板，让外观更为平滑；车轮安装在宽宽的挡泥板内，看起来很像真正的赛车。见图 6-6。

图 6-6

车子的后部也做了特别考虑，红色条纹从车顶两侧向下延伸，在扰流板后部连接起来。后轮的挡泥板较宽，时尚的后保险杠装备了外观极具侵略性的扩散器。

最后，EV3 程序块安装在车子顶部，即使在运动状态下也易于操作。见图 6-7。

图　6-7

传感器

猎鹰遥控车使用了两个传感器来协调驾驶，红外传感器和旋转传感器。

1. 红外传感器

红外传感器（端口 4）位于车子后部，是后保险杠流线型设计的一部分，用于接收 EV3 遥控器发送的命令。见图 6-8。

2. 旋转传感器

第二个传感器不是红外传感器之类的外部传感器，它位于 EV3 电机内部。猎鹰遥控车使用了内置于中型电机（端口 A，用于转向）中的旋转传感器（也称为编码器）。编码器以度为单位提供有关电机当前位置的信息，猎鹰遥控车的程序使用该信息来协调转向并完成返回中心的功能。简而言之，内置编码器为转向提供了足够的智能，使猎鹰遥控车更易于驾驶。

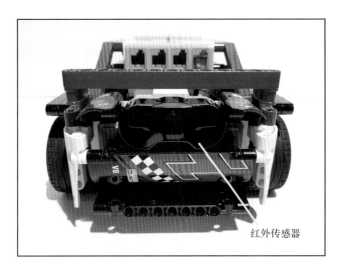

图　6-8

编写程序

虽然猎鹰遥控车是由用户通过遥控器远程控制的，但它的遥控程序非常智能，能协调幕后的复杂动作和决策，是流畅且友好的控制程序。

控制方案

我们应该确定 EV3 遥控器上的每个按钮能做什么。我们说过驱动和转向功能是相互独立的，应该相应地对控件进行编程：遥控器的左侧按钮（红）控制驱动，向上按钮控制向前行驶，向下按钮控制向后行驶；遥控器的右侧按钮（蓝）控制转向，向上按钮控制前轮向右转向，向下按钮控制前轮向左转向。见图6-9。

我的模块

EV3 编程环境有一个称为"我的模块创建器"的功能。你可以用它把很多 EV3 代码模块保存为单个模块，在程序或其他程序中多次使用这部分代码序列，而无须重新编写。在 EV3-G 中创建"我的模块"类似于在基于文本的编程语言中定义函数。

我们将为猎鹰遥控车的程序创建 4 个"我的模块"，

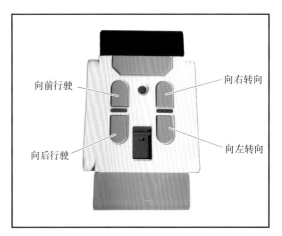

向前行驶　　　　　向右转向

向后行驶　　　　　向左转向

图　6-9

每个执行一种不同的转向方式。使用"我的模块"功能，是因为这些是相当复杂的代码序列，并且它们在整个遥控程序中出现多次。猎鹰车的大部分程序都将包含在这 4 个"我的模块"中。为这些重要函数创建"我的模块"可以节省时间并降低出错的风险，因为我们只需要编写一次，并且它还可以使完成的程序更容易阅读。

1. 转向机构居中

第一个"我的模块"将在程序的最开始运行一次，它将猎鹰车的转向机构处于居中位置，让用户更容易操纵驾驶。这个"我的模块"在车轮居中后重置旋转传感器，这很重要，因为它将中心定义为零位置，所有后面的转向命令都将基于该位置。

像往常一样开始编写程序，在完成我们想要保存的代码之前，不必考虑如何制作"我的模块"。

现在开始编写转向居中"我的模块"的代码。先放置一个循环模块，设置为"电机旋转-比较-当前功率"模式，阈值设置为"＜|20"，选择端口 A。在循环模块中放置一个中型电机模块（"开启"模式，25%功率）和等待模块（设置为等待 0.2s）。

这部分代码让转向电机在正方向上缓缓转动。循环模块使用内置旋转传感器来检查电机时速，电机以 25% 的功率起动，当功率降至 20% 以下时，程序会知道电机已经停转，短暂的等待模块可以确保电机在程序开始寻找电机失速之前有机会开始移动并达到目标速度。见图 6-10。

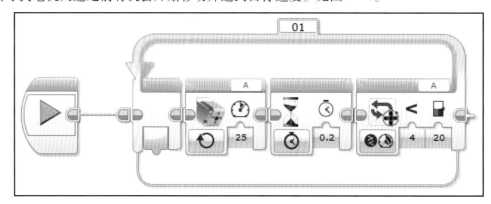

图　6-10

然后，放置一个中型电机模块（"开启指定度数"，–75% 功率，105°，端口 A），然后是电机旋转模块（"重置"模式，端口 A）。完成后的转向居中代码如图 6-11 所示。

这段代码做了什么？它将转向机构向一个方向转动直到不能再转动为止，此时程序检测到电机失速，让电机沿着相反方向旋转 105°，这是转向机构回到中心位置所需的旋转量。最后它重置电机 A 上的旋转传感器，使中心位置成为新的零位置。这是一种简便的方法，无论车轮处于什么位置，程序会自动将其置于中心位置。这部分代码使程序更加精确和友好。

2. 将代码保存为"我的模块"

我们刚刚编写的一大段代码是 4 个智能"我的模块"中的第一个，它让猎鹰车的程序变得更聪明。

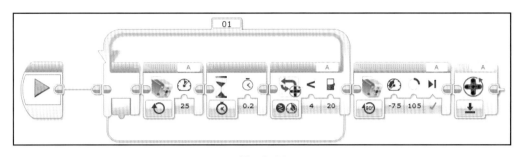

图　6-11

现在我们已经写出了代码，按照下面的步骤将其保存为"我的模块"：

1）单击并拖动光标，选择要包含在"我的模块"中的所有代码，成功选中的代码将以蓝色突出显示，不要在选择中包含"开始"模块。

2）在屏幕左上角的导航栏中选择"工具-我的模块创建器"。

3）使用"我的模块创建器"的向导功能，命名并选择图标，设置"我的模块"。有许多图标可供选择，因此请选择一个能代表新的"我的模块"功能的图标。

4）满意后，单击向导右下角的"完成"按钮。见图6-12。

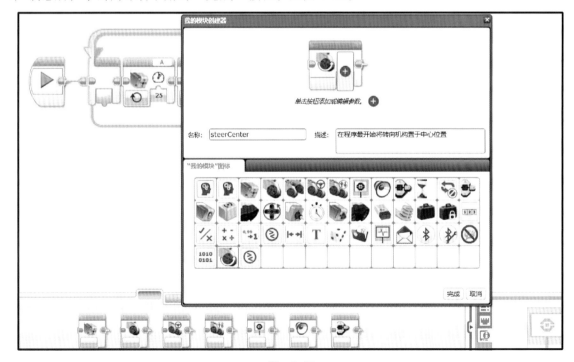

图　6-12

我们现在将制作的"我的模块"命名为 steerCenter。在"我的模块创建器"向导中还可以设置参数，也就是"我的模块"的输入和输出值。由于我们没有为猎鹰车使用有参数的"我的模块"，你现在可以忽略它。但在以后的项目中，参数是有用的，我们将在下一章广泛使用参数功能。

单击"完成"后，你的代码如图 6-13 所示。

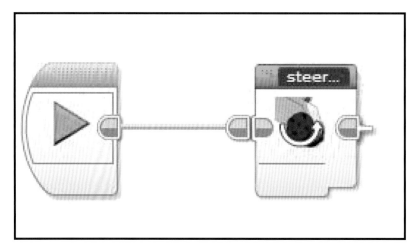

图　6-13

恭喜！你已经成功保存了第一个"我的模块"。无论你将这个模块放在程序的哪个位置，EV3 都将执行其中包含的所有代码，"我的模块"充当了我们刚编写的所有代码的占位符。如果你需要编辑"我的模块"，双击它，即会展开显示其中包含的所有代码。

你保存的所有"我的模块"都将存储在屏幕底部青色的编程选项卡下，你现在可以从中拖出这个新的模块，在程序的任何位置使用它。见图 6-14。

3. 向左转向

下一个"我的模块"相当简单，它将前轮旋转到左侧位置，使猎鹰遥控车向左转。

在机器人执行任何操作之前，需要检查前轮的当前位置。因为完整程序中的各种情况可以连续执行一段时间（例如，按住遥控器上转向按钮进行转弯），程序需要验证前轮是否已经处于左侧位置。这确保了在车轮移到左侧位置后停止移动并保持在那里，否则转向机构将继续向左转，直到它达到机械极限并锁定。

首先，添加电机旋转模块（"测量-角度"模式，端口 A），并将它的输出端口连接到比较模块的第一个输入端口上；将比较模块设置为"小于"模式，比较值（第二个输入端口）更改为 45。从比较模块获取的结果要连接到逻辑切换模块的输入端口上，将切换模块设置为选项卡视图，以节省空间。见图 6-15。

如果转向电机的度数值小于 45，则执行切换模块的"真"情况分支，这意味着转向机构尚未处于左侧位置。在切换模块的"真"情况分支下，我们要添加一些代码将车轮移动到左侧位置，添加一个循环

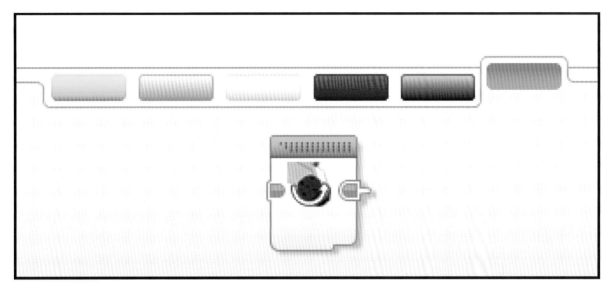

图　6-14

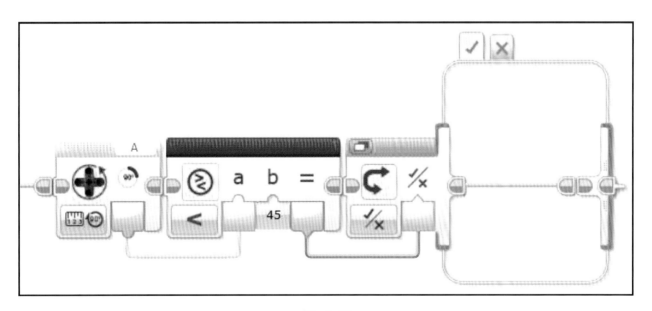

图　6-15

模块，设置为"电机旋转-比较-度数"模式，将阈值设置为"大于或等于（≥）45°"，并选择端口 A。
在循环模块内，只需放置一个中型电机模块（"开启"模式，100% 功率，端口 A）。见图 6-16。

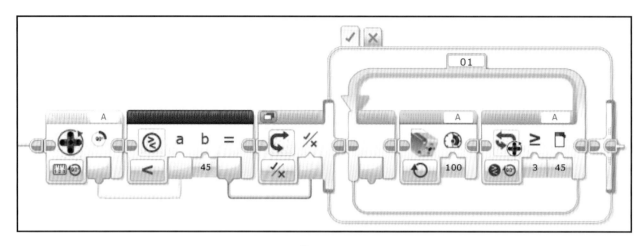

图　6-16

数字 45 表示转向电机从中心转动 45°，使猎鹰车的前轮转向。这个数值是可以调整的，加大数值会使猎鹰车的转向更尖锐，减小数值会使猎鹰车的转向更加平稳。尝试不同的数值，看看你自己更喜欢哪种方式的转向。更改这个数值时，一定要确保同时修改"我的模块"中显示的两个位置，还要确保同时更改向左转向和向右转向的"我的模块"。

　　当转向电机的度数值等于 45°时，将执行切换模块的"伪"情况分支，这表示转向机构已经处于左侧位置，因此不需要进一步移动，只需在这个情况分支中放置一个中型电机模块，关闭电机 A。见图 6-17。

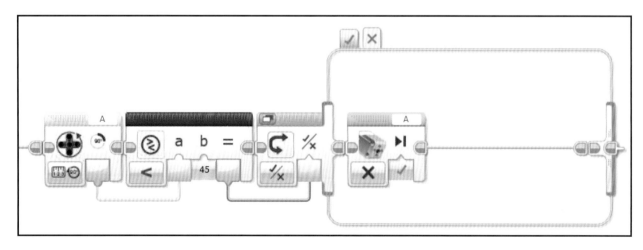

图　6-17

这是向左转向"我的模块"的完整代码。按照前面列出的步骤，用"我的模块创建器"向导保存它，并将其命名为 steerLeft。见图 6-18。

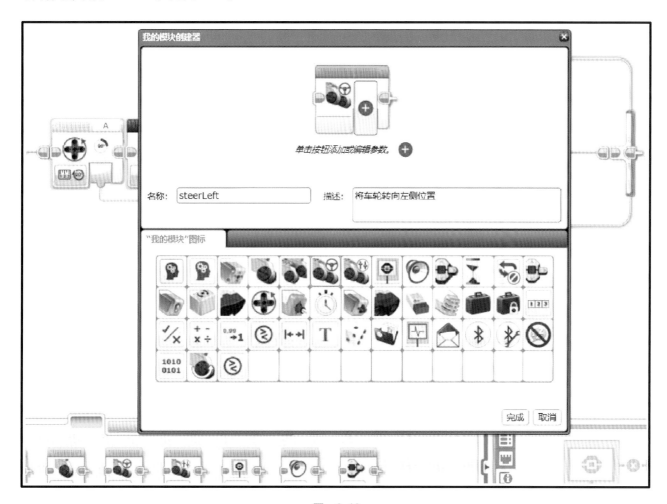

图　6-18

4. 向右转向

我们刚刚完成了 steerLeft "我的模块"的代码，因此编写 steerRight "我的模块"代码很容易，因为两者的编程基本相同。你可以按照制作 steerLeft "我的模块"相同的步骤制作 steerRight "我的模块"，唯一的区别是，将电机的功率和阈值由正值变为负值，并且必须翻转所有不等号。见图 6-19。

不要忘记在切换模块的"伪"情况分支中添加中型电机模块，关闭电机 A。见图 6-20。

最后用"我的模块创建器"向导保存"我的模块"，并命名为 steerRight。

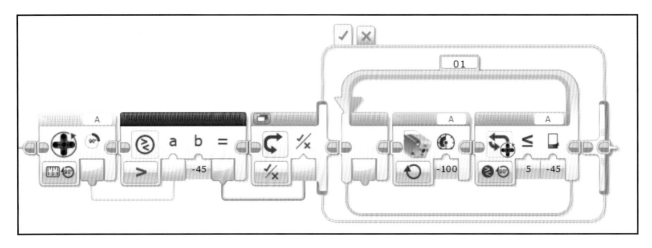

图　6-19

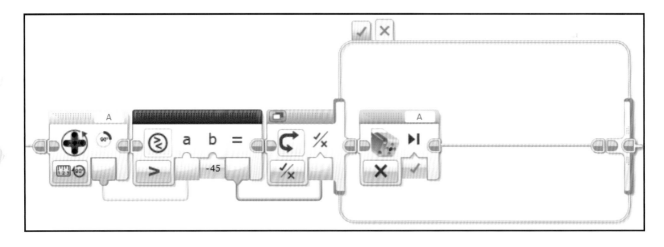

图　6-20

5. 回到转向中心

最后一个"我的模块"对猎鹰车的转向程序至关重要。这个"我的模块"让处于任何位置的转向机构返回到中心位置。自动返回中心是猎鹰遥控车程序的标志性特征。

这个"我的模块"首先检查转向电机 A 的位置。更具体地说，它实际上首先检查电机是否处于左侧位置，如果检查结果返回"伪"值，则检查电机是否处于右侧位置，如果这时也返回"伪"值，则转向机构已经居中且不需要采取任何措施。

"我的模块"首先通过测试电机 A 的度数值是否大于 +3° 来检查电机是否向左（正方向）转动。这个检查的程序代码如图 6-21 所示。

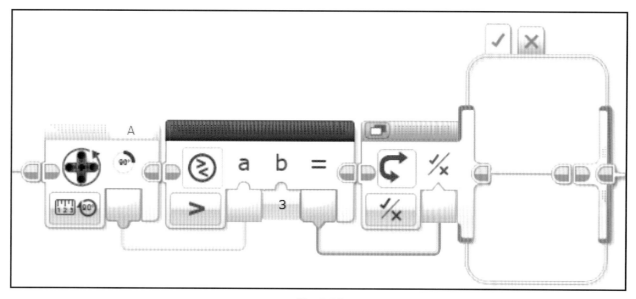

图 6-21

> 将比较值设置为 3 会在程序中产生容差，这意味着当转向电机在中心任一方向 3° 范围内时，"我的模块"就会得到满足。你可能希望尝试不同的容差水平，较小的值会增加转向精度，但可能会使其过于敏感。如果你决定更改容差，请确保在任何出现此值的位置进行更改。

　　如果这个检查返回"真"值，则车轮当前位置是向左转（正方向），因此电机必须向负方向旋转使车轮返回中心。在切换模块的"真"情况分支中，放置一个循环模块（"电机旋转-比较-度数"模式，< | 3，端口 A）和中型电机模块（"开启"模式，−50% 功率，端口 A），让转向电机向右转动，直到它在中心的 3° 范围内。见图 6-22。

　　如果程序执行的是切换模块的"伪"情况分支，则转向机构不在左侧位置。程序要用类似的代码来检查转向机构是否在右侧的位置，用电机编码器测量度数位置，检查是否小于 −3°，并执行逻辑切换模块的相应情况分支。见图 6-23。

　　如果这次检查返回"真"值，则转向机构是在右侧位置（负方向），转向电机必须向正方向转动，使车轮返回中心。设置循环模块（"电机旋转-比较-度数"模式，> | −3，端口 A）和中型电机模块（"开启"模式，50% 功率，端口 A）的方式与之前的设置方式类似，由于一切都在相反的方向上，你必须将

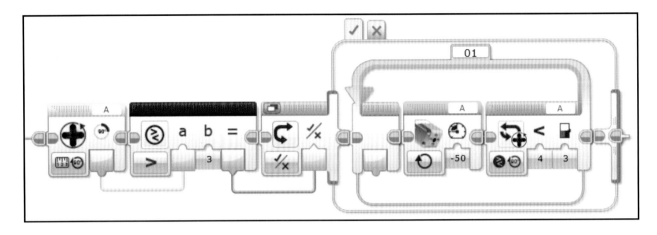

图　6-22

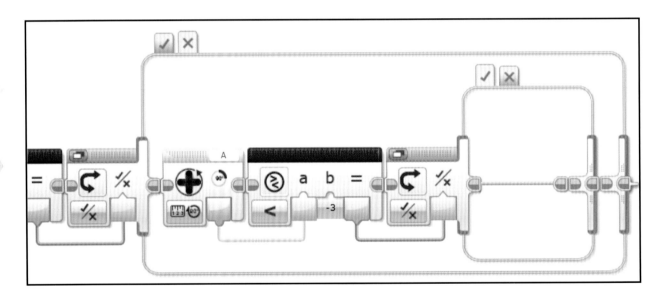

图　6-23

所有的数字变为相反的数，并翻转不等号。见图 6-24。

如果第二个切换模块返回"伪"值，则转向机构位于中心，无须调整，只需关闭电机。见图 6-25。

最后，使用"我的模块创建器"向导将这部分代码保存为"我的模块"，并命名为 steerReCenter。

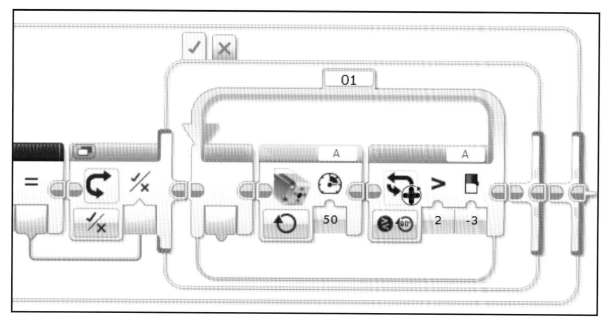

图 6-24

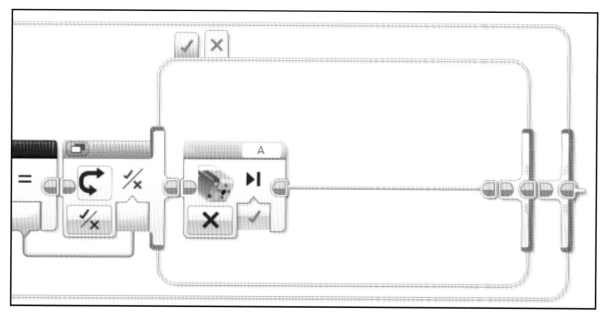

图 6-25

组合程序

我们已经完成了所有的"我的模块"，程序的大部分内容已经完成。现在我们可以将这些模块放入完整的程序中，创建出功能齐全的遥控车。

1. 访问"我的模块"

我们创建的 4 个"我的模块"可以在编程窗口底部的"我的模块"选项卡中找到，你可以随时把它们添加到程序中。见图 6-26。

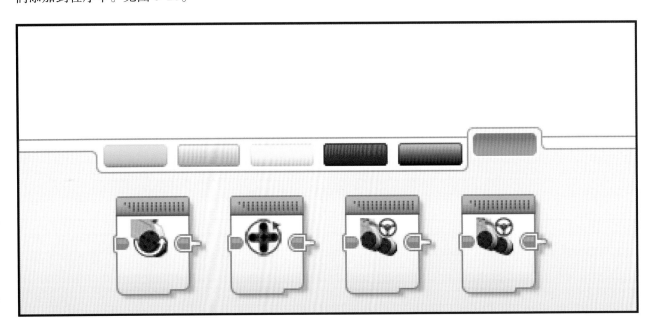

图　6-26

2. 开始

在当前项目中打开一个新的空白程序，这是我们将"我的模块"放在一起编写完整遥控程序的地方。

首先在程序开始模块后面添加 steerCenter "我的模块"。程序启动时，猎鹰车首先将转向机构回到中心并重置转向。"我的模块"后面是一个设置为"无限制"模式的循环模块。见图 6-27。

在循环模块内放置一个切换模块。将切换模块设置为"红外传感器-测量-远程"模式、端口 4、频道 1，然后将按钮 ID 0 分配给第一个情况分支，单击按钮 ID 选项卡上的圆圈（如果此圆圈尚未填充）将此情况分支设置为默认情况分支，将按钮 ID 1 分配给第二个情况分支。按"添加情况"按钮 7 次添加其他情况分支。见图 6-28。

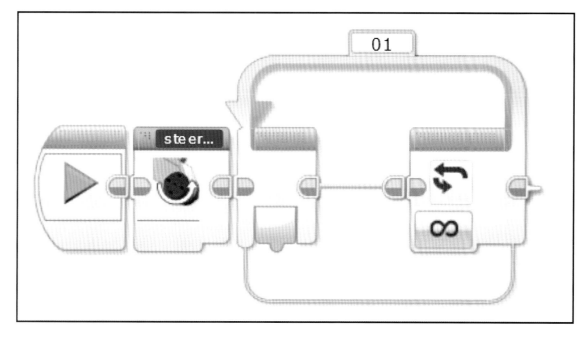

图　6-27

3. 编写各情况分支代码

程序代码的其他部分直截了当，但却很单调。程序最难的部分已经完成了，我们只需要为每个情况分支分配可能的遥控按钮组合（至少是我们计划使用的按钮组合），并编写程序代码。

在第一个情况分支中，没有按钮被按下（按钮 ID 0），猎鹰车应该停止并使转向机构居中。这是默认情况分支，如果没有按下遥控按钮，猎鹰车的首选操作是空闲。添加 steerReCenter "我的模块" 和移动转向模块（"关闭" 模式，端口 B 和 C）。见图 6-29。

在第二个情况分支（按钮 ID 1）中，猎鹰车直线向前行驶，添加 steerReCenter "我的模块" 和移动转向模块（"开启" 模式，转向值为 0，100% 功率，端口 B 和 C）。见图 6-30。

> ℹ️　端口 B 和端口 C 的两个 EV3 大型电机必须始终以相同的速度向同一方向转动。我们使用移动转向模块，是因为它只有一个功率参数，这加快了编程的速度，只需输入一个功率值即可。要确保转向值始终为 0，让两个驱动电机同步转动。

在下一个情况分支（按钮 ID 2）中，猎鹰车反向直线行驶。添加 steerReCenter "我的模块" 和移动转向模块，将移动转向模块的功率值设置为 –100%。见图 6-31。

如果按下右上按钮（按钮 ID 3），猎鹰车在没有动力的情况下将前轮转向右侧。添加 steerRight "我的

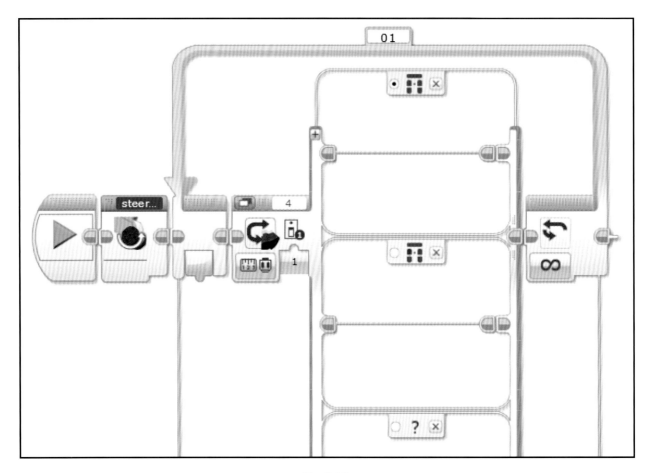

图 6-28

模块"和移动转向模块，将移动转向模块设置为"关闭"模式。见图 6-32。

　　类似地，如果仅按下右下按钮（按钮 ID 4），猎鹰车在没有动力的情况下将前轮转向左侧。添加 steerLeft "我的模块" 和移动转向模块，将移动转向模块设置为"关闭"模式。见图 6-33。

> 　　请注意，steerRight 和 steerLeft "我的模块" 使用了相同的图标，并且模块上不显示全名。这可能会很快混淆。为避免混淆，请密切注意你要放置的 MyBlock 的名称。将光标悬停在 My-Block 上将显示其名称。你还可以为 MyBlocks 选择不同的图标，以进一步阐明其差异。

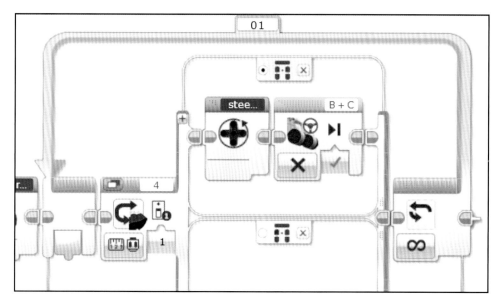

图　6-29

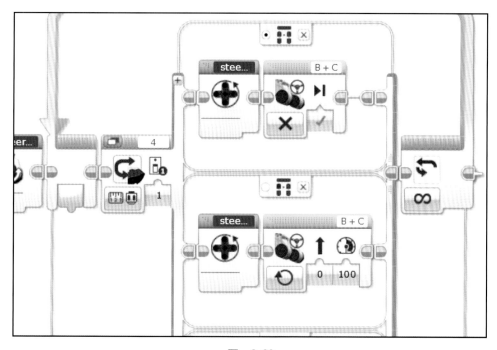

图　6-30

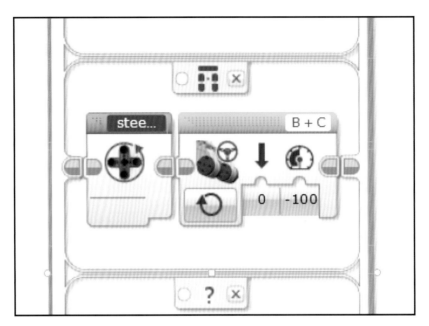

图 6-31

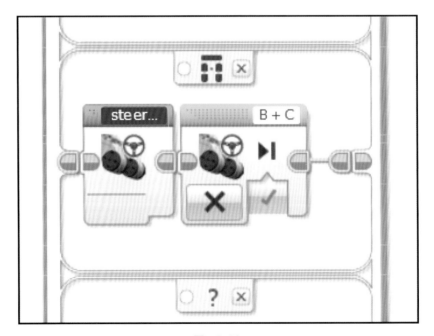

图 6-32

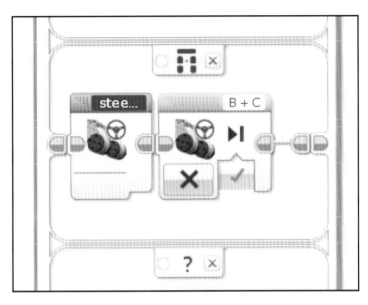

图　6-33

现在我们要为 4 个双按钮的情况分支编写代码。当按下两个顶部按钮（按钮 ID 5）时，猎鹰车向前行驶并右转。添加 steerRight "我的模块" 和移动转向模块，将移动转向模块设置为 100% 功率。见图 6-34。

同时按下左上和右下按钮（按钮 ID 6）时，猎鹰车在前进的同时向左转。添加 steerLeft "我的模块" 和移动转向模块，将移动转向模块设置为 100% 功率。见图 6-35。

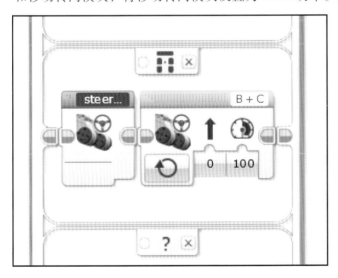

图　6-34

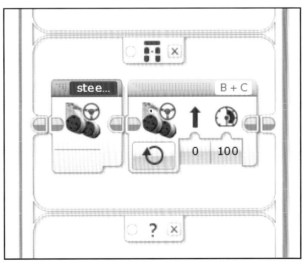

图　6-35

同时按下左下和右上按钮（按钮 ID 7）时，猎鹰车在后退的同时向右转。添加 steerRight "我的模块" 和移动转向模块，将移动转向模块设置为 –100% 功率。见图 6-36。

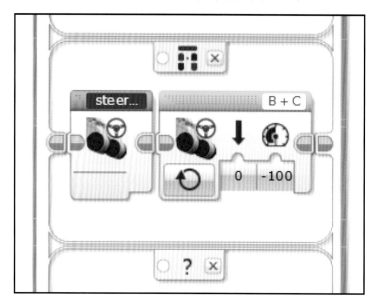

图　6-36

最后同时按下左下和右下按钮（按钮 ID 8）时，猎鹰车在后退的同时向左转。添加 steerLeft "我的模块" 和移动转向模块，将移动转向模块设置为 –100% 功率。见图 6-37。

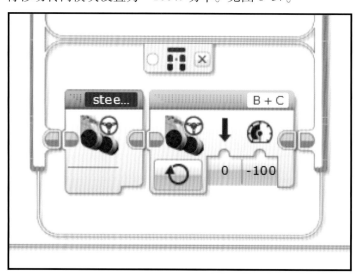

图　6-37

完成程序

完整程序如图 6-38 所示。

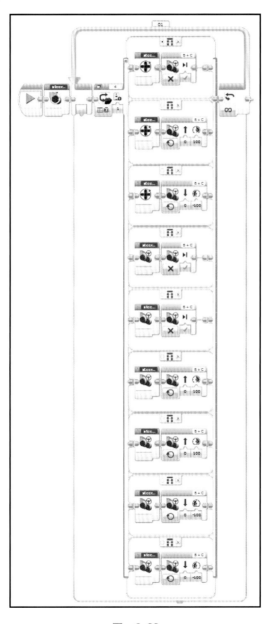

图　6-38

看起来很简单吧？这是因为程序中最复杂的部分包含在"我的模块"中。在这里，你可以看到"我的模块"使程序更具可读性。用于控制转向的所有智能编程都包含在这些"我的模块"中。

真棒！你现在拥有功能齐全的遥控赛车了！

总结

在本章中，我们将机器人带入了一个全新的方向，脱离了坦克式驾驶，创建出专门设计的速度机器。在建造猎鹰遥控车的过程中，我们了解了一些用于制造汽车式动力传动系统的机械部件，如差速器。我们还重新应用了齿轮齿条机构，将其用于转向机构。我们讨论了猎鹰遥控车的每个机械特征如何与现实世界中的汽车设计相关联。

我们广泛使用 EV3 电机内置的旋转传感器来协调智能转向系统。我们还学习了如何制作"我的模块"并看到它们在程序中使用时带来的好处。我们应用前面章节中获得的知识来编写汽车式遥控程序。最后，我们解决了智能遥控车的悖论：即使用户控制猎鹰车，它的编程也会在幕后自动协调许多复杂的决策和动作。

在下一章中，我们将完全放弃遥控器，在猎鹰车上使用 GPS 接收器和指南针传感器进行自主导航。

第 7 章

GPS 车——自主 EV3 导航

我们准备制作本书的终极智能机器人，GPS 车（见图 7-1）！这款智能车搭载 GPS 传感器和数字指南针，它的智能程序可以控制汽车导航到用户定义的坐标点。对，你可以选择一个位置，GPS 车将自动开到那里！GPS 车拥有先进的导航传感器和先进的程序，它是本书中最聪明的机器人。

GPS 车的基础是我们在前一章搭建的猎鹰遥控车。我们为它添加导航传感器，编写两个新程序，将猎鹰车从遥控转换为自主导航。由于硬件部分大致相同，这样我们就能集中精力编写最复杂的程序。

在本章中，我们首先要对猎鹰车做一些细微的物理修改，添加新的传感器。我们还将介绍一些使用 GPS 传感器和指南针传感器的基本知识。然后，我们来研究软件，讨论如何让 EV3 使用第三方硬件。最后，我们将编

图 7-1

写两个程序：第一个是简单的 GPS 测试程序，帮助我们熟悉 GPS 传感器；第二个是自主导航程序。

这个项目现在非常热门，许多公司都在设计日常使用的自动驾驶汽车。我们在本章中所做的 GPS 车要简单得多，但它使用了一些现实世界自动驾驶汽车所采用的导航概念。因此，这个项目是全面了解自动驾驶技术的基础。

这是本书中第一个也是唯一一个需要用到非乐高零件的项目。GPS 传感器和指南针传感器是由第三方制造商 Dexter Industries 公司和 HiTechnic 公司为 EV3 生产的。我们将在后面各节中了解这些传感器的更多信息。

是时候制作我们最聪明的机器人了。

技术要求

你的计算机上必须安装 EV3 家庭版软件 V1.2.2 或更高版本，还应该安装乐高数字设计师（LDD）

V4.3 及以上版本的软件。

本章的 LDD 和 EV3 文件可以在中文乐高论坛下载，下载地址：

http://bbs.cmnxt.com/forum-162-1.html

在此还可看到机器人的运行视频。

硬件

我们将以猎鹰遥控车为基础做一些修改，使它能够自主导航。请确认在改造前你已经阅读了上一章的内容，并且熟悉猎鹰车的硬件是如何工作的。

我们将给猎鹰车增加两个导航传感器：Dexter Industries 公司的 dGPS 传感器和 HiTechnic 公司的指南针（Compass）传感器。我们来看看这些传感器是如何工作的，以及它们如何使猎鹰车自主导航。见图 7-2。

Dexter Industries dGPS 传感器

这是一个简单的 GPS 芯片，它从地球轨道上的卫星获取信息，估计出 EV3 大概处于世界的什么位置。dGPS 传感器提供了 UTC（时间）、纬度、经度、航向、速度和卫星链路状态等信息，我们编写这个项目的程序时只需要用到前三个。

电路板一面是 GPS 天线和 LED 信号灯，另一面是电池和传感器插座。在机器人上安装 dGPS 传感器时，天线应该朝上，无遮挡地面向天空，我们稍后会详细讨论传感器的安装方式。图 7-3 中，dGPS 传感器有电池的那一面朝上（用几个科技销来安装，我们将在后面讨论）。

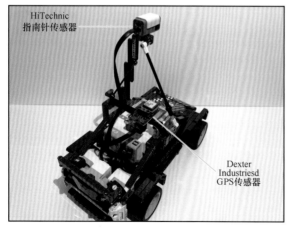

图 7-2

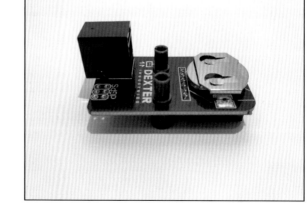

图 7-3

1. GPS 导航的基本原理

要使用 dGPS 传感器，我们必须了解 GPS 导航的基本知识。

GPS 坐标的两个分量是纬度和经度。这两个数字结合在一起，GPS 接收机就能精确定位它在地球上的位置。地图系统使用十进制的度数来表示纬度和经度，这意味着这些值是 dd. mmmmmm 格式。dGPS 传感器提供了采用十进制整数的纬度和经度信息，它总是将位置图表示为整数，格式为 ddmmmmmm。你可以把它看成没有小数点的十进制度数。例如，假设纬度值是 40. 948162°，dGPS 传感器将报告为 40948162。

纬度和经度值的符号表明 GPS 接收机位于哪个半球。正纬度表示 GPS 位于北半球，负纬度表示 GPS 位于南半球；纬度值越大，GPS 离赤道越远。正经度表示 GPS 位于东半球，而负经度表示 GPS 位于西半球，经度值表示离本初子午线的距离。

在一个开放的区域，GPS 接收机可以精确定位到 1～3m 以内。如果树木或建筑物等环境障碍物阻挡了 GPS 接收机对天空的视线，卫星发送的信号在到达 GPS 接收机之前被反射，这将导致 GPS 的精确度下降。为了获得最佳的精确度，请在没有障碍物的环境中使用 dGPS 传感器。由于在确定 GPS 位置时总存在一定的误差，因此 GPS 接收机提供的坐标是估计值。

2. 使用 dGPS 传感器

dGPS 传感器有一个 LED 指示灯，当它连接到四颗卫星时会持续点亮，这是定位的最低要求。dGPS 传感器在连上卫星时只提供新的位置信息。如果连接丢失，指示灯将熄灭。

当 dGPS 传感器连接到 EV3 时，LED 指示灯会闪烁 1s，表示已接通电源并开始寻找卫星。dGPS 传感器与四颗卫星连接所需的时间依赖于 dGPS 传感器所处的环境，如果附近的树木和建筑物挡住了 dGPS 传感器的视线，连接卫星所需的时间将会增加。

 当 dGPS 传感器首次通电时，它可能需要长达 10min 的时间才能获得第一个卫星的信号。这是因为 dGPS 传感器需要创建所有可用卫星连接的卫星历书。每次连续启动时信号采集速度会更快。

当建立有效的卫星链接时，dGPS 传感器每秒更新一次位置信息。所以在编写 dGPS 传感器程序时，EV3 每次读取 dGPS 数据都应该等待 1s。

HiTechnic 指南针传感器

该传感器是一个数字指南针，它测量地球的磁场，从而找到地球的磁极位置。该传感器输出从 0°到 359°，这表明传感器当前基于磁北极的绝对航向（传感器面对的角度）。航向值为 0°意味着传感器朝北，90°表示朝东，180°表示朝南，270°表示朝西。见图 7-4。

指南针传感器还具有相对航向功能，允许用户

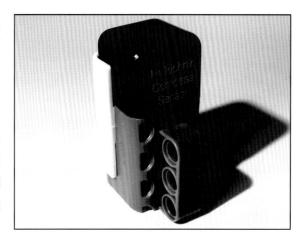

图　7-4

设置目标航向。目标航向将成为新的零位置。相对航向的范围从 −179°到 +180°；正相对航向值表示机器人必须向右转（顺时针）才到达目标方向，而负相对航向值意味着机器人必须向左转（逆时针）。相对航向值为零表示机器人完全指向目标，不需要调整轨迹。GPS 车的导航程序使用了相对航向功能。

虽然指南针传感器比 dGPS 传感器更易于使用，但将指南针合并到 EV3 机器人中仍然有一条重要规则。指南针传感器被设计用于测量地球的磁场，但机器人中电子元件和金属部件的磁场可能会干扰指南针传感器的测量。为了尽量减少干扰，指南针传感器应该安装在机器人距离 EV3 程序块、电机、电池和其他传感器至少 10cm 的位置。在下一节中，我们将介绍 GPS 车特有的安装方式。

 有关这些传感器的更多信息，请访问其各自制造商的网站。dGPS 传感器由 Dexter Industries 公司制造，指南针传感器由 HiTechnic 公司制造。

修改猎鹰遥控车

现在，我们要对猎鹰车进行一些改动以适应这些新传感器。

在 EV3 程序块上方几厘米处加一根与车体同宽的科技梁，将 dGPS 传感器安装在这根梁上，并确认有芯片和天线的那一面朝向天空。将 dGPS 传感器固定在科技零件上最好的方法是使用跨接块和两个蓝色轴销，如图 7-5 所示；这种方法可以确保 dGPS 传感器安装牢固，并将脆弱的 dGPS 电路板上的机械应力降至最低。你可以选择略微偏离中心位置，以免挡住 EV3 程序块的按钮。然后，用线缆将 dGPS 传感器连接到传感器端口 1。

接下来，在机器人的一侧搭建一个至少比 EV3 程序块高 10cm 的"塔"，这将是我们安装指南针传感器的地方。将指南针传感器放置在塔顶上会增加它与其他电子元件之间的距离，从而

图　7-5

将其他电子元件对指南针传感器的电磁干扰降至最低。最后，用一些科技轴和连杆加固指南针塔，使塔在指南针的重力下不会摆动。然后，用线缆将指南针传感器连接到传感器端口 2。见图 7-6。

完成这些修改后，我们就可以开始编写 GPS 车的软件了。

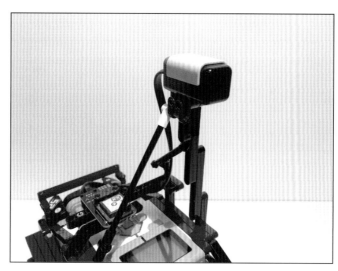

图　7-6

软件

我们将为 GPS 车编写两个程序。第一个程序是简单的 GPS 传感器测试程序，第二个程序是自主导航程序。在开始编程之前，我们需要导入模块到 EV3 软件中。

模块导入

dGPS 传感器和指南针传感器需要特定的软件才能与 EV3 一起使用。两个传感器都有自己的编程模块，可以像标准 EV3 传感器一样对第三方传感器进行编程。两个传感器的软件都可以从制造商的网站免费下载。我们所需要做的就是按照几个步骤下载第三方软件并将其导入 EV3 编程环境中。

安装 Dexter Industries 和 HiTechnic 软件的步骤相同，我们将从 Dexter Industries 软件开始。Dexter Industries 的所有软件均可在 GitHub 中找到。我们需要它们的 EV3 软件包，你可以访问 https://github. com/DexterInd/EV3_Dexter_Industries_Sensors（或中文乐高论坛）。

在找到软件包之后，请按照以下步骤将 Dexter Industries 软件导入 EV3 软件：

1）从 GitHub（或中文乐高论坛本书专版）下载 Dexter Industries 软件包。下载完成后，提取文件并将它们保存到计算机上的目标位置。

2）运行 EV3 软件并打开一个新项目。在"工具"菜单中选择"模块导入"，软件会弹出"模块导入和导出向导"。

3）单击"浏览"按钮，找到刚才下载的软件包的目录，打开包含 Dexter Industries 固件的文件夹，选择名叫"Dexter. ev3b"的文件，单击"打开"按钮。

4）模块导入和导出向导会显示已经选择 Deter. ev3b 文件并准备导入，单击向导右下角的"导入"按钮。见图 7-7。

5）软件会弹出一个消息框告知导入是否已成功完成。如果导入成功，那么最后一步是重新启动 EV3 软件，以使更改生效。下一次启动软件并打开一个项目时，Dexter Industries 模块将出现在黄色的传感器选项卡中。

所有 Dexter Industries 的编程模块都包含在我们导入的文件中。我们只需要 dGPS 传感器模块，你可以忽略其他模块。

我们将按照相同的步骤将 HiTechnic 编程模块导入 EV3 软件。下载可在 http://www. hitechnic. com/file. php?f = 841-HiTechnicEV3-Blocks. zip 找到（或访问中文乐高论坛本书专

图 7-7

版），我们需要下载文件 841-HiTechnicEV3Blocks. zip。每个 HiTechnic 传感器模块都是分开的，当你在步骤 3 中选择要导入的文件时，请选择 HTCompass. ev3b 以导入指南针传感器的软件。

完成导入模块后，黄色传感器选项卡会包含新增的第三方模块。现在这些模块已准备就绪，我们可以开始编写程序了。

GPS 测试程序

我们现在将编写一个简单的 GPS 测试程序，在编写复杂导航程序之前积累使用 dGPS 传感器的经验。测试程序从 dGPS 传感器读取当前时间、纬度和经度，并将其显示在 EV3 程序块屏幕上。

1. 传感器模块

首先，将三个 dGPS 传感器模块置于无限循环内。每个 dGPS 模块从传感器读取不同的信息。第一个读取 UTC 时间（Read UTC Time），第二个读取当前纬度（Read Latitude），第三个读取当前经度（Read Longitude）。你可以单击模块左下角并设置适当的模式来读取所需的信息。

图 7-8 中另外三种模式分别为读取标头（Read Heading）、读取速率（Read Velocity）

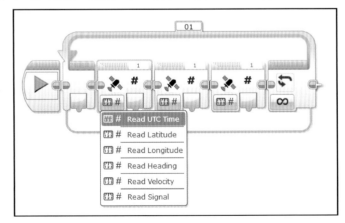

图 7-8

和读取信号（Read Signal）。

2. 文本模块

接下来，将三个文本模块放在传感器模块之后，文本模块可以在红色的数据操作选项卡下找到。见图 7-9。

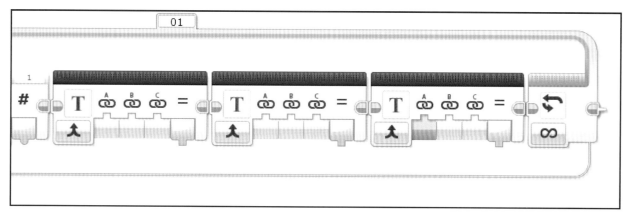

图　7-9

使用这些模块可以在 EV3 程序块屏幕上的提示文字后面显示传感器数据。例如，我们在 EV3 屏幕的一行上显示"UTC"字样，后面跟着从 dGPS 中读取的 UTC 值。三个文本模块分别与三个 dGPS 传感器模块相配合，将传感器的值与提示文字合并，从而可以一起显示到 EV3 屏幕上。

我们现在可以设置提示文字。它们对应于在 EV3 屏幕上显示的数据值，所以我们要显示如下提示文字：一个显示"UTC："，一个显示"Lat："，一个显示"Lon："。将这些文字输入到每个文本模块的第一个输入中。完成后，它们看起来如图 7-10 所示。

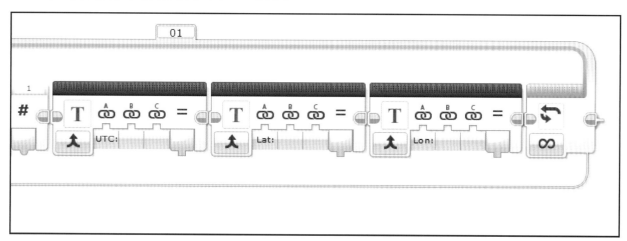

图　7-10

　　设置好显示文字后，要将传感器数据连接到每个文本模块。第一个传感器模块从 dGPS 读取 UTC。用数据线连接它的输出端到你使用"UTC："的文本模块的第二个输入端。见图 7-11。

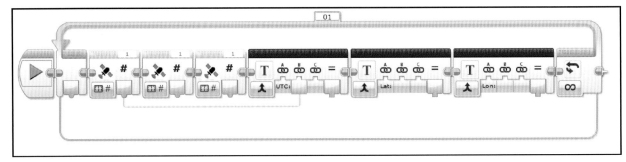

图　7-11

　　对剩下的两个文本模块重复这个过程，将读取纬度的 dGPS 模块输出端连接到有"Lat："的文本模块上，将读取经度的 dGPS 模块输出端连接到有"Lon："的文本模块上。

　　当所有传感器模块和文本模块正确连接时，程序如图 7-12 所示。

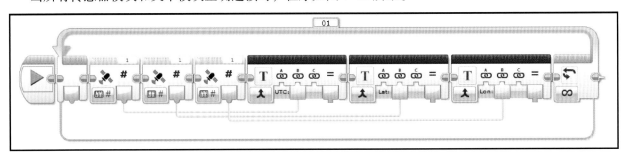

图　7-12

3. 显示模块

　　下一步是添加显示模块，将合并文本显示到 EV3 屏幕上。首先在文本模块之后直接放置一个显示模块。见图 7-13。

　　默认情况下，显示模块设置为将图像显示到 EV3 屏幕上。单击显示模块的左下角将模式更改为"文本→网格"。见图 7-14。

　　显示模块变成了新的模式，但我们还有更多的设置要完成，更改显示到 EV3 屏幕上的文本。默认情况下，显示模块会将输入到右上角的文本显示到屏幕上，单击模块右上角的文本框并选择"已连线"，模块再次改变，出现数据线输入端口。现在，显示模块将显示从附加数据线接收到的文本。见图 7-15。

　　再添加两个显示模块并按照相同的步骤进行设置。见图 7-16。

　　现在，三个显示模块都完成了，我们可以设置字体大小，并将每个文本字符串分配给 EV3 显示屏不同的行。

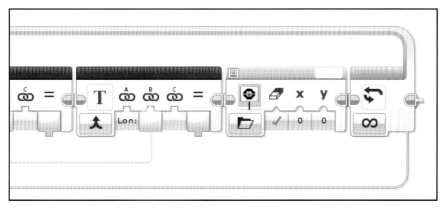

图　7-13

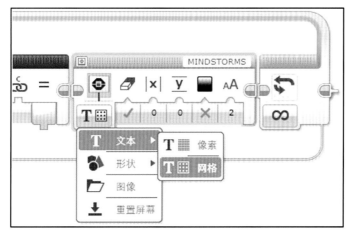

图　7-14

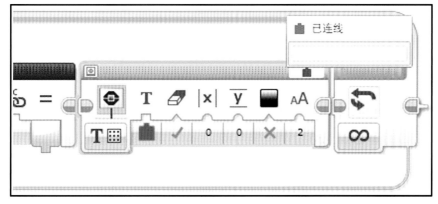

图　7-15

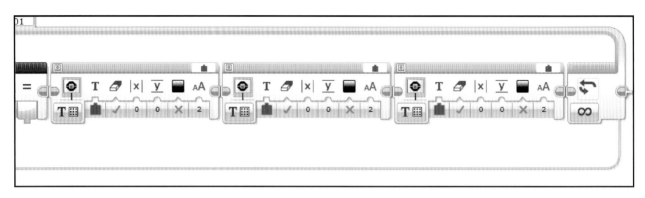

图 7-16

显示模块上的最后一个输入控制字体大小。将其更改为 0，即所有模块使用最小的字体。

我们还要让每个文本模块的内容显示在不同的行上，使它们不会互相覆盖。显示模块的第四个输入将文本分配到 EV3 屏幕上的一行。将第一个显示块设置为在第一行上显示（实际上，这是第二行，因为 EV3 的计数从零开始）。第二个模块设置为第三行，第三个模块设置为第五行。

设置显示模块的最后一步非常重要，但很容易被忽略。显示模块上的第二个输入是"真/伪"值，控制模块在显示文本之前是否擦除 EV3 显示屏。对于第一个模块应该设置为"真"，而对于第二个和第三个模块应该设置为"伪"。这样每次程序循环时，它都会从 EV3 显示屏中删除旧信息，但第二个和第三个模块不会删除该程序之前显示的信息。

当显示模块的设置完成时，它们看起来如图 7-17 所示。

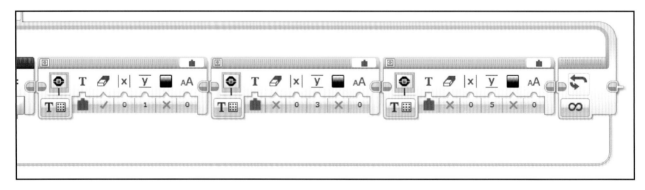

图 7-17

现在，将每个文本模块的输出用数据线连接到一个显示模块的文本输入。UTC 连接到第一个显示模块，纬度连接到第二个，经度连接到第三个。见图 7-18。

4. 等待模块

回顾一下，dGPS 传感器每秒更新一次信息。为防止程序过快地对 dGPS 传感器进行采样，要添加一

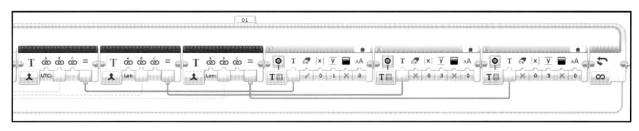

图　7-18

个等待模块（设置为 1s）。见图 7-19。

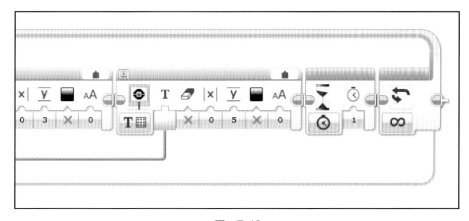

图　7-19

5. 完成程序

完成的 GPS 测试程序如图 7-20 所示。

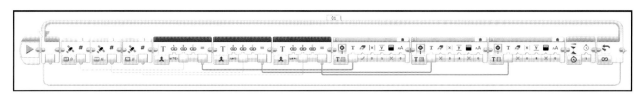

图　7-20

你可以使用这个程序来测试 dGPS 传感器并收集一些样本坐标。我们还获得了对 dGPS 模块编程的一些经验，这将指导我们编写导航代码。

自主导航

这个程序允许你输入一对 GPS 坐标值，GPS 车使用 dGPS 传感器和指南针传感器导航到那里。这个程序比到现在为止的所有程序都复杂得多，来吧！

1. 获取目标的坐标

你可以使用 GPS 测试程序找到一些目标的 GPS 坐标，让 GPS 车行驶到那里。你也可以使用在线地图；单击地图上的一个位置，该位置的经度和纬度将以十进制格式显示出来。

获得一对目标坐标值后，你可以继续编程。

2. 控制转向的"我的模块"

导航程序依靠"我的模块"完成一系列动作。我们要编写五个"我的模块"，让我们从上一章介绍的四个控制转向的"我的模块"开始。

● 导入/导出"我的模块"

我们需要的第一个"我的模块"是 steerCenter；我们在上一章中创建了这个模块，可以使用 EV3 软件的"我的模块导入/导出"功能来节省一些时间，避免重新编写。使用这个工具可以以将"我的模块"从一个 EV3 项目导出，然后再导入另一个 EV3 项目。换句话说，就是复制我们为猎鹰遥控车编写的"我的模块"并将它们用于 GPS 车。

按照以下步骤从一个 EV3 项目文件中复制"我的模块"，然后在另一个项目中使用它：

1）打开包含你希望重用"我的模块"的项目。在本章中，我们从 Falcon 项目中复制"我的模块" steerCenter。打开 Falcon. ev3，找到靠近屏幕左上角的项目属性图标。见图 7-21。

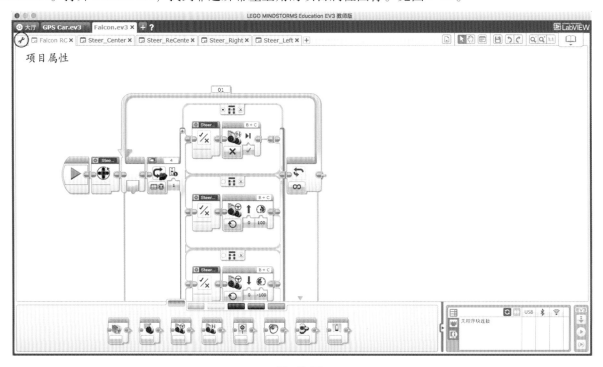

图　7-21

2）单击图标打开项目属性菜单。在此菜单下，你可以导入和导出 EV3 项目文件中的程序、图像、声音、"我的模块"和变量。找到"我的模块"选项卡并单击。见图 7-22。

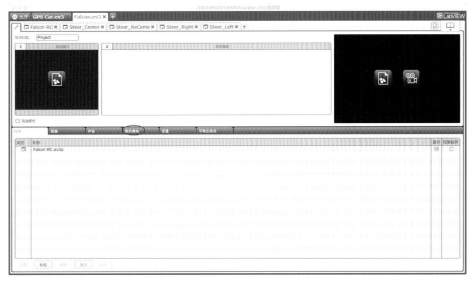

图　7-22

3）菜单中显示了我们为猎鹰遥控车创建的四个"我的模块"，选择"我的模块"steerCenter。然后，单击菜单底部的"导出"按钮。见图 7-23。

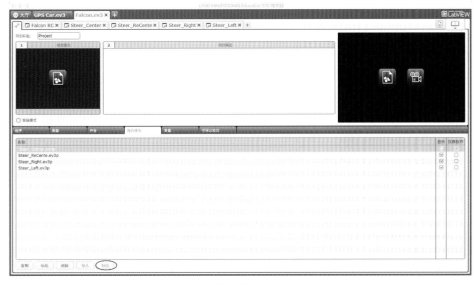

图　7-23

4）为"我的模块"命名并将其保存到计算机上的目标位置。见图 7-24。

图　7-24

5）现在"我的模块"已经从 Falcon 项目中导出并保存到计算机上，我们必须将其导入到 GPS Car 项目中。打开 GPS Car 项目，进入项目属性菜单，单击"我的模块"选项卡，然后单击菜单底部附近的"导入"按钮。见图 7-25。

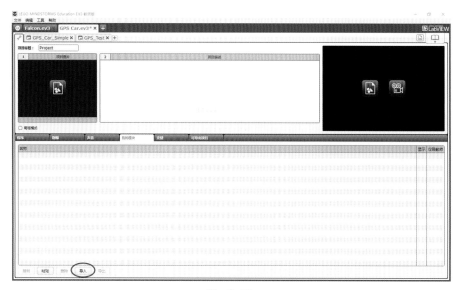

图　7-25

6）打开保存"我的模块"的路径。然后，选择并打开 . ev3s 文件。见图 7-26。

图　7-26

7）新的"我的模块"现在显示在 GPS Car 项目的菜单中，表明它已成功导入并可以使用。见图 7-27。

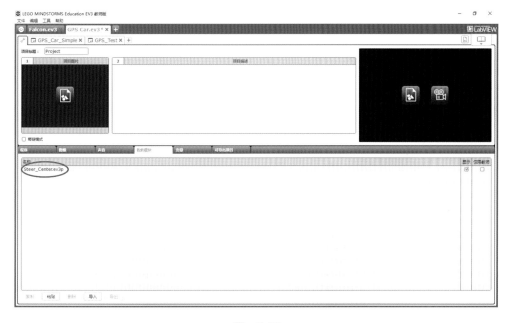

图　7-27

8）单击项目某个程序的选项卡退出
"项目属性"菜单。就像我们已经将"我的
模块"直接写入项目一样，新的"我的模
块"现在可以在编程中使用了。见图 7-28。

如果你将新导入的"我的模块"拖入
程序并双击它，你会看到其中的代码。如果
你看到的代码和上一章中的一样，这表示已
经导入成功。见图 7-29。

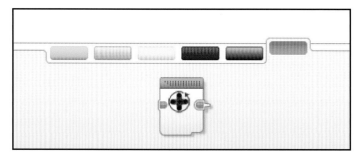

图　7-28

我们还将直接从 Falcon 项目中借用
"我的模块"steerReCenter。按照前面的步骤将这个模块也导入到 GPS Car 项目中。见图 7-30。

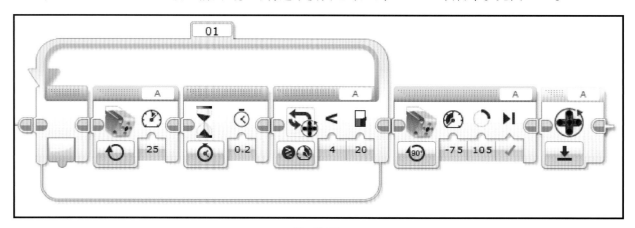

图　7-29

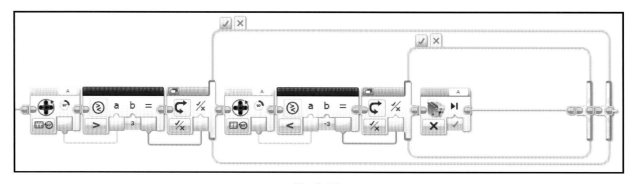

图　7-30

● 左右转向模块

我们还要编写"我的模块"steerLeft 和 steerRight。我们不直接从以前的项目中借用这两个"我的模块"，Falcon 项目里面的"我的模块"导航太精确，如果直接使用会使导航程序变得非常复杂。相反，我们会选择一个更简单的替代方案：一个简单的切换模块，用于检查转向电机的当前位置。如果电机距离中心小于 45°，程序会控制电机旋转 45°。图 7-31 是简化的"我的模块"steerLeft。

图 7-32 是简化的"我的模块"steerRight，它是 steerLeft 的镜像。

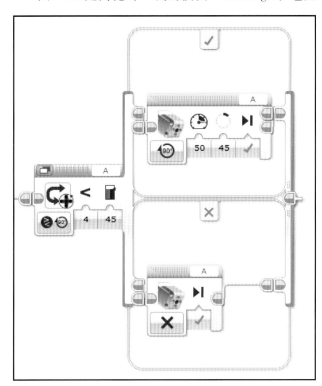

图　7-31

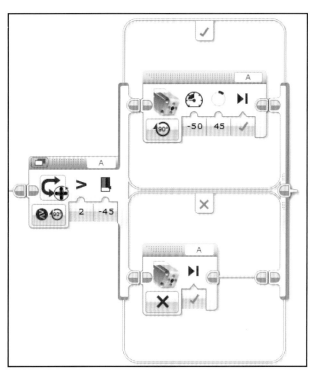

图　7-32

你可以将目标值从 45°更改为所需的度数，来更改转向修正量的大小。

虽然这些控制转向"我的模块"有点笨拙，但已经足够了。因为 EV3 程序块对程序规模的限制，我们需要使用简单的"我的模块"。

3. "我的模块"getAngle

这是导航程序中使用的第五个"我的模块"。通过这个"我的模块"，你可以写入当前位置（纬度/经度）和目标位置，它会计算机器人为了到达目的地而需要转向的角度；简而言之，它告诉机器人行驶的方向。当我们编写这个"我的模块"时，我们要用到变量和参数，还将用到数学模块的高级模式。

● **程序代码**

首先，添加一个数学模块（"减"模式）和一个变量模块。这两个模块都可以在 EV3 软件红色的数据操作选项卡下找到。见图 7-33。

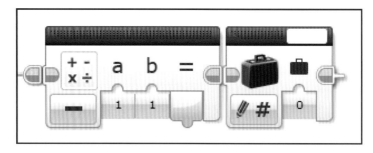

图　7-33

> 一个变量是一个值的占位符。它们有两个操作：写入，改变存储在变量中的值；读取，读取存储在变量中的值。这意味着变量是一种简便的方法，可以在程序的某个地方将值保存起来，在另一个地方使用它。在 EV3 软件中，变量可以存储三种类型的数据：数字、逻辑和文本。

变量必须先定义后使用。第一步是选择数据类型。EV3 软件中变量的默认设置为数字。幸运的是，这就是我们需要的，所以我们不需要改变它。接下来，我们必须给它起个名字。单击模块右上角的文本框并选择"添加变量"。这时会出现一个窗口，你可以在其中输入变量名。见图 7-34。

这个变量名是 latDiff，它是纬度差的缩写。"我的模块"计算出目标纬度和当前纬度之间的差值，将写入这个变量。

现在第一个变量已经定义好了，我们继续编程。从第一个数学模块输出的数据线连接到变量 latDiff 的输入端，这意味着减法运算的结

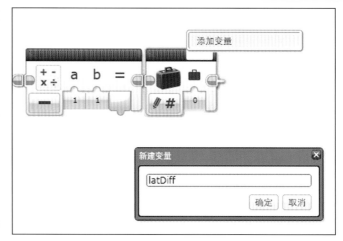

图　7-34

果将存储在变量 latDiff 中。相同的数据线连接到比较模块，该比较模块检查结果值是否等于零。比较模块的结果输出到一个切换模块（"逻辑"模式）。在该切换模块的"真"情况分支中，放置另一个变量模块，模式设置为"写入-数字"并再次选择 latDiff，在输入端口写入"1"。切换模块的"伪"情况分支留空。"我的模块" getAngle 代码的开始部分如图 7-35 所示。

这段代码是什么意思呢？我们刚刚编写的代码将从目标纬度中减去当前纬度（从 dGPS 传感器读取），并将差值存储在变量 latDiff 中。然后，代码判断这个差值是否等于零。如果是这样，那么程序将变量 lat-

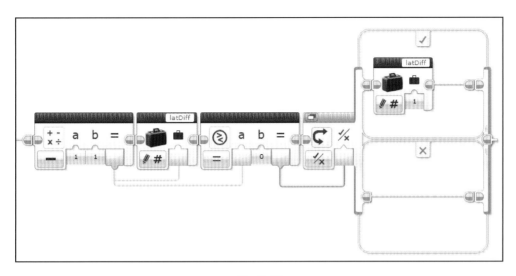

图 7-35

Diff 赋值为 1；这是一个必要的步骤，因为变量 latDiff 将是除法操作的分母，除以零将导致错误。

你也许想知道减法模块的输入是什么。稍后当我们将这段代码转换为"我的模块"时，我们再重新研究它们，因为我们将设置一些参数，这些参数可以让我们将目标纬度和 GPS 纬度作为输入。

该程序还需要获取目标经度与当前经度之间的差值。设置另一个"减"模式数学模块，将其结果保存到新变量 longDiff 中。我们不需要额外的步骤来检查它是否为零，因为变量 longDiff 将是除法运算的分子。我们再次忽略数学模块的输入，因为我们稍后将定义一些参数。见图 7-36。

在 EV3 软件中，dGPS 传感器将所有纬度和经度值报告为正数。如果汽车位于西半球或南半球，这是有问题的；如果是这种情况，则需要添加另一个将当前 GPS 值乘以 −1 的数学模块。设置如图 7-37 所示（我们将在后面讨论如何配置参数）。如果接收机位于西半球，这里是调整经度的修改代码。

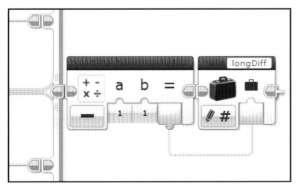

图 7-36

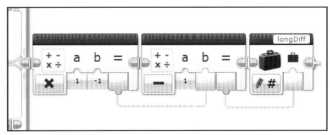

图 7-37

现在变量 latDiff 和 longDiff 已经计算出来并保存下来了，我们可以在程序中用它们来计算角度，这里要用到一些三角函数的概念。想象一下，latDiff 和 longDiff 是直角三角形的两条直角边。我们用纬度差除以经度差，再用反正切计算出一个以度为单位的角度。

添加两个变量模块，一个用于 latDiff，另一个用于 longDiff，将它们设置为"读取 - 数字"模式来取回存储在其中的数据。然后，添加一个数学模块并将其设置为"高级"模式。见图 7-38。

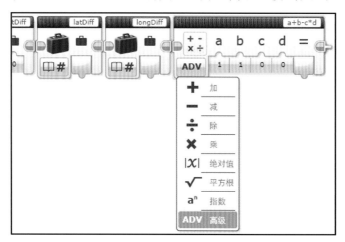

图　7-38

数学模块的高级模式可以执行更复杂的操作，以及能在一个模块内执行多项操作。当你单击模块右上角的文本框时，可以输入所需的操作。为了计算角度，我们需要用变量 latDiff 除以变量 longDiff，然后取反正切。所以，输入 atan(a/b)。变量 a 和 b 对应于数学模块的输入（c 和 d 不在本项目中使用）。见图 7-39。

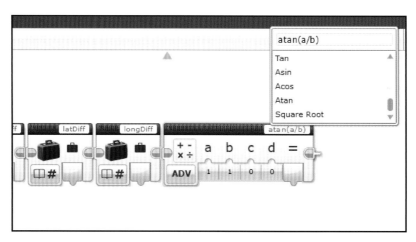

图　7-39

将变量 longDiff 的值连接到高级模式数学模块的输入 a，将变量 latDiff 的值连接到输入 b。创建一个名为 angle 的新数字变量，连接到高级模式数学模块的输出。见图 7-40。

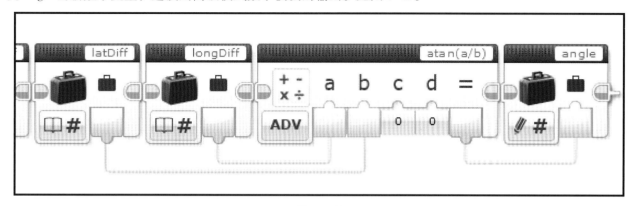

图　7-40

现在代码计算出一个角度，这个角度可以告诉 GPS 车向哪个方向转弯。但是，我们还没有完成。变量 latDiff 和 longDiff 的符号表示方向；然而，latDiff 或 longDiff 中的负值将会使整个分数为负，使角度的计算错误。此外，如果 latDiff 和 longDiff 均为负数，则数学模块将返回相同的角度值，就好像两者都是正数一样，但两个数值都为负值表示车辆必须朝相反的方向行驶！我们需要判断 latDiff 和 longDiff 符号的各种情况，并对我们计算的角度值进行调整。

首先，判断分母是否为负数。读取变量 latDiff，用比较模块判断值是否小于零，结果连接到逻辑切换模块。见图 7-41。

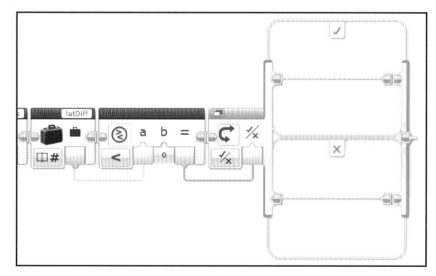

图　7-41

如果此判断返回"真"值，则还要检查变量 longDiff 是否为负值。在刚刚添加的切换模块的"真"情况分支中编写一些代码来判断变量 longDiff 的值是否小于 0；这个判断的代码与我们刚才所做的非常相似。见图 7-42。

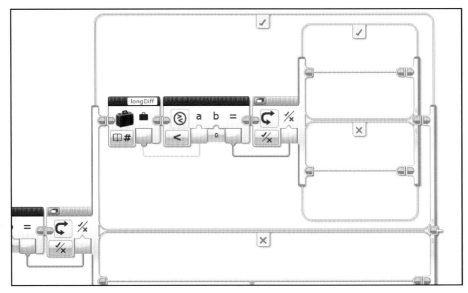

图　7-42

如果两个判断都返回"真"值，那么分子（longDiff）和分母（latDiff）都是负数。我们必须从计算出的角度值中减去 180° 才能得到正确度数。在第二个切换模块的"真"情况分支中，程序读取变量 angle，减去 180，然后再次写回变量 angle。见图 7-43。

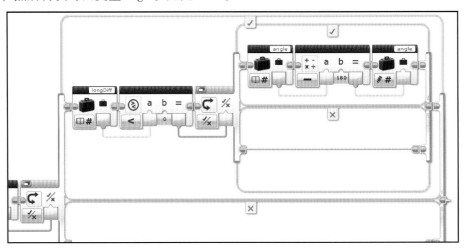

图　7-43

　　如果第一个判断返回"真"值，但第二个判断返回"伪"值，那么只有分母是负数。我们需要将变量 angle 加上 180°。见图 7-44。

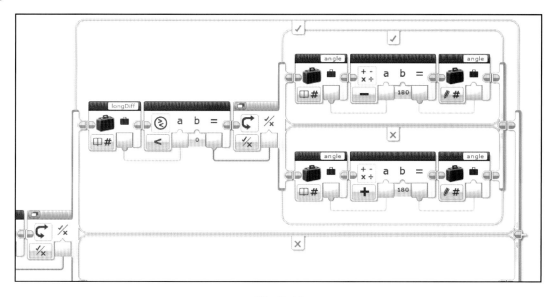

图　7-44

　　如果第一个判断返回"伪"值，那么分母是正数。我们仍然需要判断分子的符号。添加另一个切换模块判断变量 longDiff 的符号。见图 7-45。

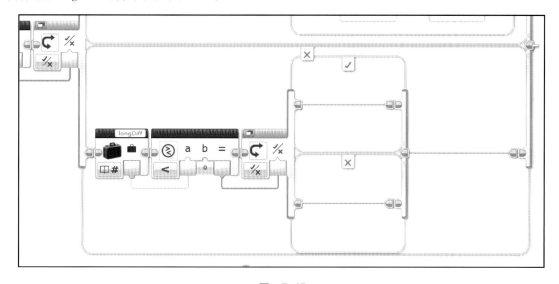

图　7-45

如果分子是负数，那么我们需要将变量 angle 加上 360°。见图 7-46。

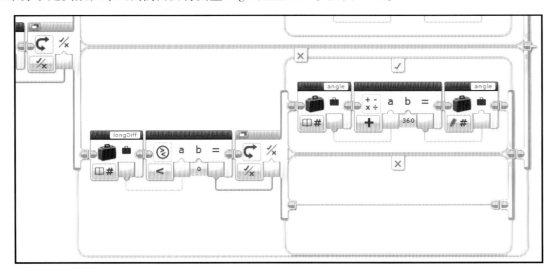

图   7-46

如果两个判断都返回"伪"值，那么分子和分母都是正数，不需要调整。最后的"伪"情况分支留空。

进行必要的调整后，最后一段代码读取角度值，用舍入模块将计算出的角度四舍五入到最接近的整数。舍入模块的结果是"我的模块"的最终角度输出。我们稍后将设置一个参数来得到这个输出。见图 7-47。

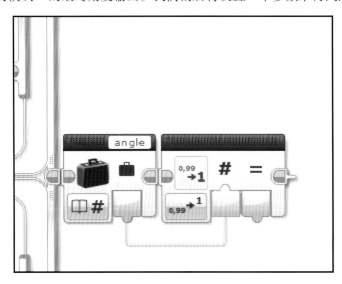

图   7-47

图 7-48 是用于计算角度的完整 EV3 代码。我们现在用这段代码创建"我的模块"。

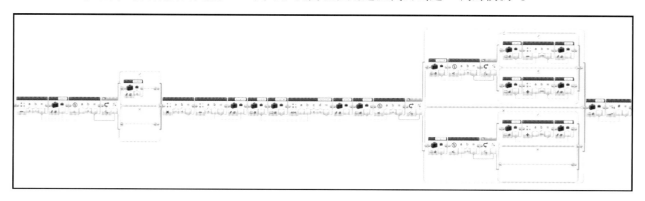

图 7-48

● 创建"我的模块"并设置参数

选择所有代码（不包括开始模块），打开"我的模块创建器"，将这个"我的模块"命名为 getAngle。现在我们开始设置参数，单击"加号"按钮添加共五个参数。见图 7-49。

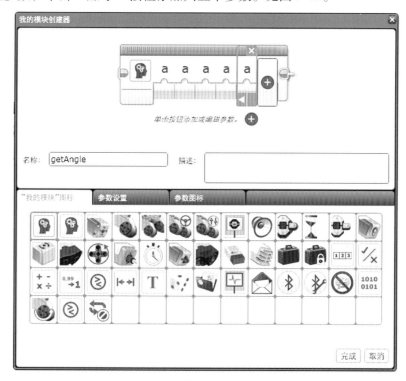

图 7-49

单击参数设置选项卡配置每个参数。默认情况下，参数设置为数字输入。getAngle 模块的前四个参数是数字输入，因此我们可以直接使用默认设置。我们只需要为前四个参数命名。四个输入参数的名称是 curLat（当前纬度）、curLong（当前经度）、destLat（目标纬度）和 destLong（目标经度）。见图 7-50。

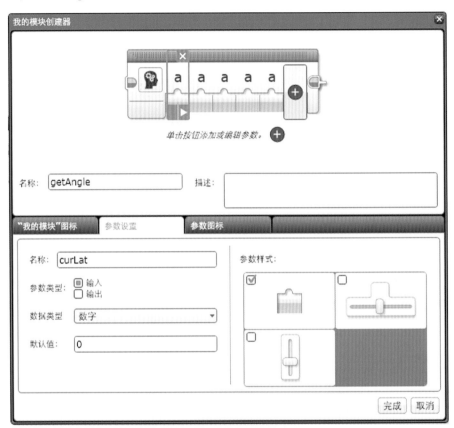

图　7-50

最后一个参数名称为 angle，它是 "我的模块" 的数字输出。命名后，确认选择了 "输出" 和 "数字"。见图 7-51。

然后，单击参数图标选项卡。在这里，你可以为每个参数选择图标。例如，你可以选择字母 a ~ d 作为四个数字输入参数的图标，选择 "一段弧" 作为角度输出参数的图标。见图 7-52。

选择图标后，单击 "完成" 按钮关闭向导并将代码保存为 "我的模块"。

● 在代码中定义参数输入/输出

我们还没有完成！现在返回到显示代码的屏幕，你会发现在代码之前出现了一个包含四个输出端的灰色方块。这是参数设置的最后一步；我们要用数据线告诉 EV3 软件每个输入在代码中的位置。见图 7-53。

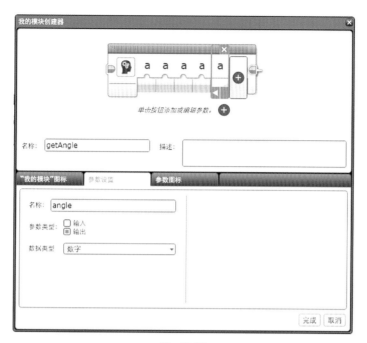

图　7-51

图　7-52

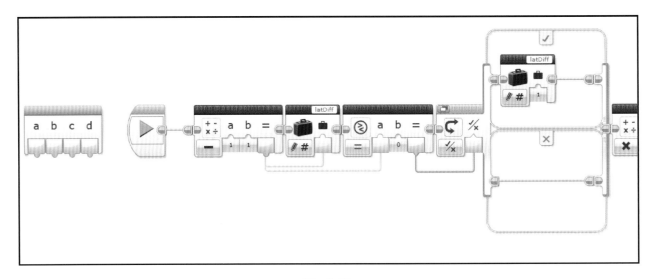

图　7-53

　　我们刚才将减模式数学模块的输入留空。现在，我们要将参数数据线连接到这些留空的输入端口！第一个数学模块计算纬度的差，是用目标位置减去当前位置，所以连接参数 a（curLat（当前纬度））到数学模块的第二个输入，连接参数 c（destLat（目标纬度））到数学模块的第一个输入。见图 7-54。

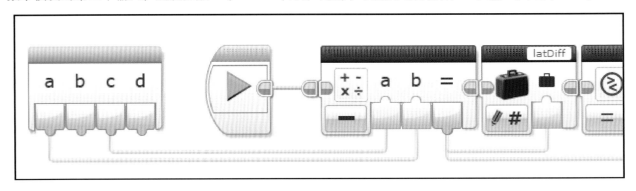

图　7-54

　　我们按照相同的步骤处理计算经度差的数学模块。同样用目标位置减去当前位置，因此连接参数 b（curLong（当前经度））到数学模块的第二个输入，连接参数 d（destLong（目标纬度））到数学模块的第一个输入。正确配置后，输入参数应如图 7-55 所示连线。

　　在本节前面我们曾讨论过，你可能需要添加一个将位置乘以 −1 的额外数学模块。请记住，如果你在南半球，那么额外步骤仅适用于纬度；如果你位于西半球，额外步骤仅适用于经度。如果你需要这个额外的模块，请先将对应 GPS 读数的参数插入乘模式数学模块。在这个例子中，我们将乘数与经度值相乘

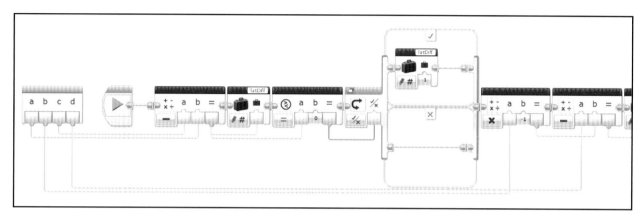

图　7-55

（作者位于西半球，而我们读者位于东半球，编写这部分代码时，请注意这一点。——译者注），因此参数 b 在输入到减模式数学模块之前乘以 –1。做完这个步骤，代码如图 7-56 所示。

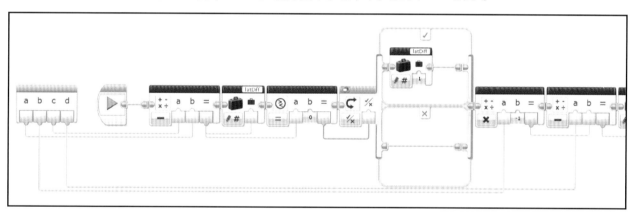

图　7-56

在代码的最后，你会发现另一个灰色方块，这是一个输入端。这是"我的模块"最终输出的位置，外面的程序可以得到"我的模块"的角度输出。你只需将来自舍入模块的输出用数据线连接到此灰色方块的输入。见图 7-57。

参数设置完成，"我的模块"getAngle 完成！当你将这个我的模块添加到程序时，你将看到四个输入和一个输出。将光标悬停在参数上时，能显示出参数名称；记住这一点，因为它可以帮助你避免混淆各个参数。见图 7-58。

4. 编写程序

现在所有五个"我的模块"都已经完成了，是时候把它们放在一起制作导航程序了。见图 7-59。

我们需要做的第一件事就是定义一些变量。创建一个新的逻辑变量（将模式设置为"写入-逻辑"）并命名为 exit，初始值设置为"伪"。当 GPS 车到达目的地时，该变量的值变为"真"；这会停止导航循环并结束程序。见图 7-60。

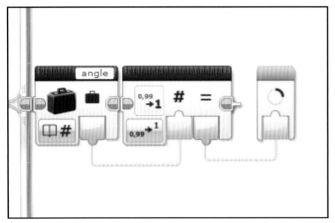

图　7-57

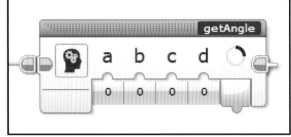

图　7-58

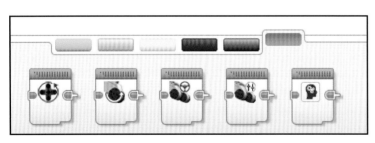

图　7-59

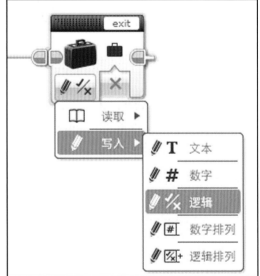

图　7-60

我们还需要两个数字变量，分别命名为 destLat 和 destLon，这些变量用来设置目标坐标。在这三个变量之后，添加"我的模块"steerCenter，以便 GPS 车在导航之前校准转向机构。最后，添加一个循环模块。稍后我们要更改循环模块的退出条件，当变量 exit 为"真"值时退出程序。见图 7-61。

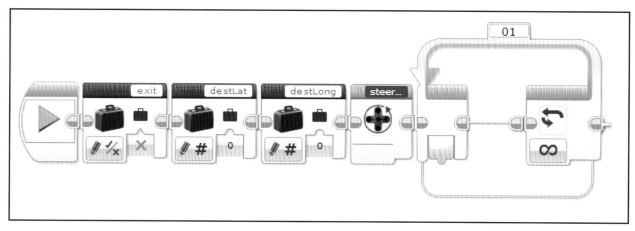

图　7-61

如我们获得示例坐标，纬度为 38.889479°，经度为 −77.035250°。纬度值将作为 38889479 输入到变量 destLat 中，经度值将作为 −77035250 输入到变量 destLong 中。当数值输入到变量中时，EV3 软件将它们设置成科学记数法并舍入最后一位数字。因此，变量 destLat 中的值变为 $3.888948e+07$，变量 destLong 值为 $−7.703525e+07$。见图 7-62。

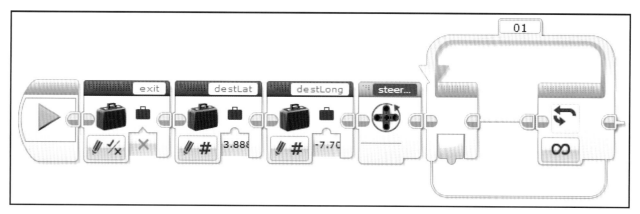

图　7-62

我们将放置在循环模块内的第一段代码是一个移动转向模块（"开启"模式，转向参数 = 0，功率 = 75%）。电机开启，GPS 车会在导航程序控制下持续行驶。见图 7-63。

接下来，我们需要读取 GPS 位置数据。放置两个 dGPS 传感器模块；第一个用于测量纬度，第二个用于测量经度。然后，添加两个变量模块，将模式设置为"读取-数字"，用来获取存储在变量 destLat 和 detLong 中的值。见图 7-64。

将"我的模块"getAngle 添加到程序中，并将传感器模块的输出和变量值连接到 getAngle 的相应输入

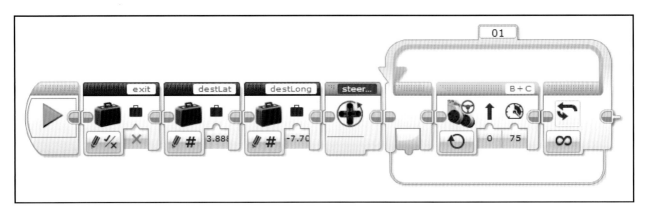

图　7-63

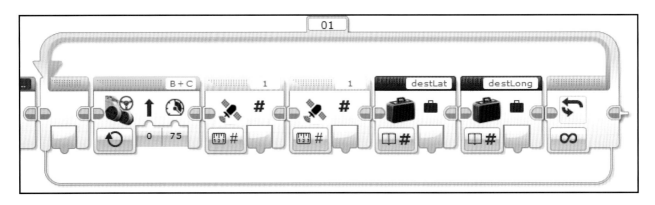

图　7-64

上：读取纬度的 dGPS 传感器模块连接到 getAngle 上的输入 a，读取经度的 dGPS 模块连接到输入 b，dest-Lat 的值连接到输入 c，destLong 的值连接到输入 d。"我的模块" getAngle 使用这些输入数据计算航向值，指示 GPS 车到达目的地必须转到的航向；getAngle 的输出参数 angle 就是计算出来的航向。见图 7-65。

　　现在要用到"标头"值了！添加 HiTechnic 指南针传感器模块，将模式更改为"Measure- RelativeHeading（测量- 相对标头）"。现在指南针传感器模块包含一个输入参数，这个输入是用于设置目标航向的。见图 7-66。

　　将"我的模块" getAngle 的输出连接到指南针传感器模块的"Target（目标）"输入。程序用 GPS 数据计算出的方位角设置为指南针的目标航向，指南针传感器将返回一个基于目标航向的相对角度。创建一个名为 compassRelHead 的新数字变量，并使用它存储指南针传感器的相对航向。见图 7-67。

　　本章早些时候，我们证明了由指南针传感器返回的相对航向符号代表着 GPS 车到达目的地必须转到的方向。如果相对航向为正（大于零），则 GPS 车必须右转；如果相对航向为负（小于零），则 GPS 车必须左转。如果相对航向等于零，则不需要调整。

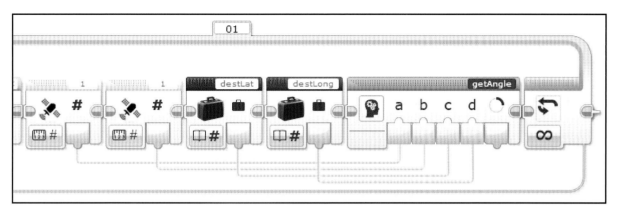

图　7-65

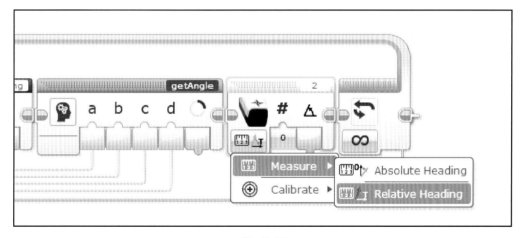

图　7-66

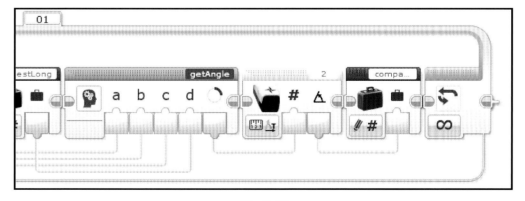

图　7-67

程序将首先检查相对方向是否为正值。这需要使用比较模块，比较模块检查值是否大于零，检查结果输出到逻辑切换模块。见图 7-68。

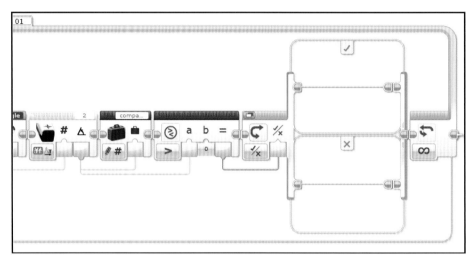

图　7-68

如果比较模块返回"真"值，则 GPS 车必须右转才能转向目的地。将"我的模块"steerRight 添加到切换模块的"真"情况分支。见图 7-69。

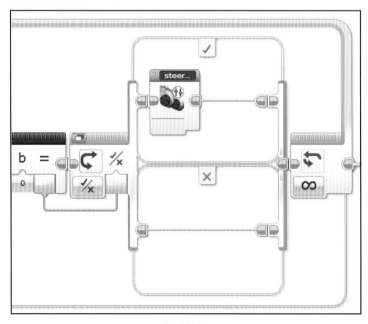

图　7-69

如果比较模块返回"伪"值，那么程序将判断相对航向是否为负值。在切换模块的"伪"情况分支中添加一个变量模块，读取变量 compassRelHead 的值，用比较模块判断它是否小于零，将结果连接到嵌套的逻辑切换模块。见图 7-70。

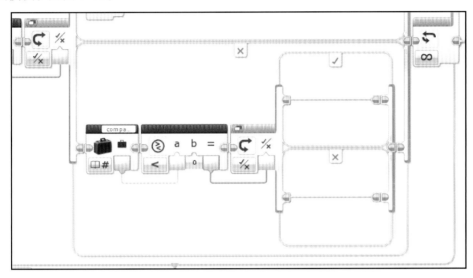

图　7-70

将"我的模块"steerLeft 放在内层切换模块的"真"情况分支。如果相对航向等于零，则执行"伪"情况分支，将"我的模块"steerReCenter 添加到这里。见图 7-71。

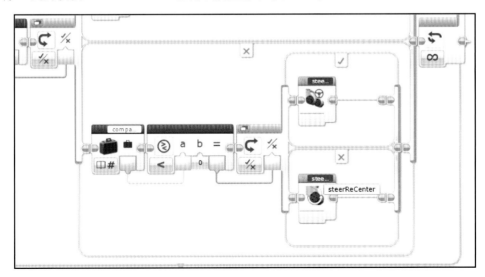

图　7-71

为了防止 EV3 对 dGPS 传感器过采样，放置一个等待模块，在执行切换模块之后等待 1s。见图 7-72。

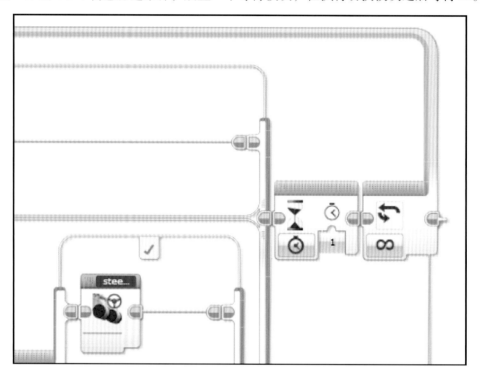

图　7-72

程序只剩最后一部分了！最后一段代码将目的地与当前 GPS 位置进行比较，并在 GPS 车确定到达目的地时停止程序。读取存储在变量 latDiff 和 longDiff 中的值（这些值是在"我的模块"getAngle 中计算出来的）并判断它们是否在一定范围内。这样做是因为变量 latDiff 和 longDiff 是 GPS 车距离目标点的两个分量。如果变量 latDiff 和 longDiff 都很小，则表明 GPS 车距离目标点足够接近，所以车停下来，程序结束。

> ⓘ　EV3 软件中定义的所有变量都是全局变量。这意味着只要它们存在于同一个 EV3 项目文件中，就可以在程序的任何地方写入或读取它们，甚至可以在不同的程序中读取。全局变量缺点是在命名变量时必须仔细考虑，为 EV3 项目文件中的每个变量赋予一个唯一的名称，使它们不会相互干扰。

程序首先读取变量 latDiff 并用数据线连接到范围模块的"测试值"输入端。范围模块将"测试值"

与预定义条件进行比较，并返回"真"或"伪"表示"测试值"是否符合条件。将范围模块的模式设置为"内部"，并分别将"下限"和"上限"设置为 – 10 和 10。在实践中，这意味着如果 GPS 车的当前纬度在目的地纬度的任一方向上大致在 1m 以内，那么就返回"真"。范围模块的逻辑结果将控制逻辑切换模块。你可以将切换模块设置为选项卡视图，因为我们只会编写"真"情况分支中的代码。目标检查前半部分的代码如图 7-73 所示。

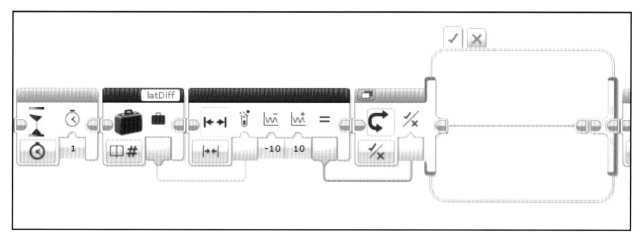

图 7-73

> 检查 GPS 车是否在目的地范围内，而不是检查当前和目的地坐标是否完全匹配，这一点很重要。这是因为 EV3 软件在计算时会向上舍入目标坐标的最后一位数字。此外，由于与 GPS 导航相关的固有误差，期望 GPS 车行驶到精度为 0.1m 的目的地坐标是不合理的。你可以尝试调整范围模块的边界；使边界变宽会使目标检查精度下降，但 GPS 车会更容易找到目的地。

目标检查的后半部分读取存储在变量 longDiff 中的值，程序代码与检查变量 latDiff 的部分是相同的。如果 GPS 车的当前经度在目的地任一方向上的 1m 范围内，则目标检查代码的后半部分返回"真"。目标检查的两个部分嵌套如图 7-74 所示。

如果这两项检查都是返回"真"，那么 GPS 车就足够接近目的地，EV3 可以退出导航循环模块。添加一个变量模块（模式设置为"写入-逻辑"），将变量 exit 的值更改为"真"。见图 7-75。

将主循环模块的退出情况更改为"逻辑"。在此模式下，循环模块接收到"真"值时停止。直接在循环模块的退出情况之前添加一个变量模块（模式设置为"读取-逻辑"），读取变量 exit，将来自变量模块的数据线连接到循环模块的输入。导航程序会重复运行，直到目标检查将变量 exit 的值更改为"真"，程序结束。见图 7-76。

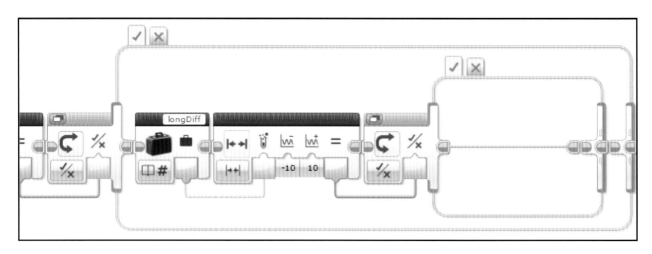

图　7-74

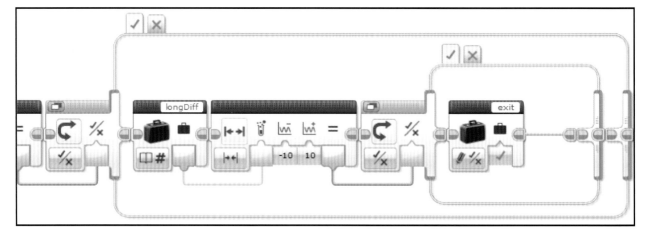

图　7-75

　　最后，在主循环模块之外放置两个模块：移动转向模块（设置为"关闭"模式）和"我的模块"steerReCenter。当 GPS 车到达目的地时，它会停下来，并将转向机构返回到中心位置。见图 7-77。

5. 完成程序

　　全部完成的导航程序如图 7-78 所示。

　　如果你已完成了这个项目，为自己完美的工作庆祝一下吧！这是一个有难度的程序，你应该为自己完成了一段非常聪明的代码而自豪！

　　你还可以用头脑风暴的方法扩展 GPS 车的功能，使它更聪明。例如，你可以安装接近传感器，避免

GPS 车与障碍物发生碰撞。

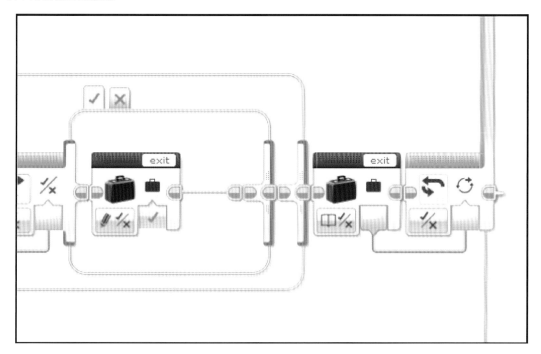

图　7-76

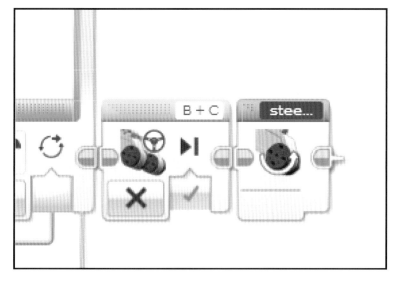

图　7-77

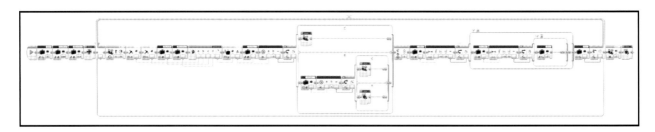

图　7-78

总结

我们制作了最聪明的机器人，在制作过程中研究了很多新的内容。

我们介绍了在真实世界中的自动驾驶汽车使用的两款导航传感器：GPS 传感器和指南针传感器，讨论了它们是如何工作，并了解了使用这些传感器的基本原理。

在开始编程之前，我们学习了如何将第三方软件导入 EV3 软件，可以把这些传感器与 EV3 一起使用。我们编写了一个简单的程序来测试 GPS 传感器，熟悉它的使用方法。然后，我们编写了一个更复杂的导航程序，EV3 使用 dGPS 传感器和指南针传感器导航到用户定义的一对坐标点。在编程时，我们学习了如何为"我的模块"引入参数，让"我的模块"有了输入和输出，扩展了"我的模块"的知识。

恭喜！你已经完成了终极智能机器人项目。现在你已准备好开始搭建自己的 EV3 智能机器人，因为你在制作这六个项目时学到的原理已成为你的工程知识的一部分。你还可以了解一些真实世界的智能机器人的工作原理。我希望本书激励你开始尝试更多的智能技术，激励你做出一些伟大的事情！

我们下次再见，干杯！

玩转乐高 BOOST：超好玩的创意搭建编程指南

［德］亨利·克拉斯曼（Henry Krasemann）等著　　　孟辉 杨慧利 译　　　定价：69 元

乐高 BOOST 是一款可以让乐高积木动起来的可编程机器人，更是一款性价比超高、可玩性非常丰富的玩具。

如果想要充分发挥 BOOST 的潜力，你会很需要本书。本书是乐高 BOOST 套装非常有益的补充，为这个可爱的 BOOST 套装提供了详细的使用指南。本书首先介绍了套装自带的 5 个基础模型，为大家提供了宝贵的使用技巧，并展示了如何在此基础上进行扩展。

本书还详细介绍了乐高 BOOST 应用程序的使用方法，介绍了该软件各种重要命令和有趣功能。更重要的是，本书创新搭建了 5 个全新的 BOOST 模型，以丰富的搭建说明鼓励孩子使用 BOOST 做进一步的探索。

玩转乐高 EV3 机器人：玛雅历险记（原书第 2 版）

［美］马克·贝尔（Mark Bell）等著　　　孟辉 韦皓文 林业渊 译　　　定价：79 元

"我要从哪里开始？设计机器人应该从哪里开始？"而本书的核心就是要回答这个问题。

- 教你关注机器人的工作环境和任务详情
- 教你机器人的设计思路
- 教你如何测试机器人
- 教你搭建和编程知识

情节像探险小说一样吸引人的乐高机器人设计书。

用五个生动的机器人案例，教你思考如何设计机器人开展玛雅历险。

中文乐高论坛核心团队精心翻译解读。

在这个有趣的玛雅寻宝历险故事中你将领略到设计乐高 EV3 机器人的乐趣。你也许看过很多乐高书会教你如何搭建各种物品，但却很少有书教你思考如何设计机器人去解决现实问题。在这个寻宝历险故事中，主人公埃文会遇到多个挑战，而作者将如何设计机器人的各种知识、方法与经验完美融入了情节中，让埃文和他的 EV3 机器人一起迎接挑战。

参加各种机器人竞赛的教练和队员、机器人课程的老师和学生，还有机器人爱好者们，都会从本书中受益匪浅。

玩转乐高虚拟搭建：LDD、LDraw 和 Mecabricks 实践指南

［美］约翰·贝克托（John Baichtal）著　　　　孟辉 韦皓文 林业渊 译　　　　定价：69 元

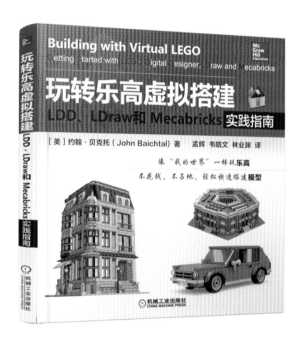

不受空间和资金的限制，轻松玩转乐高，实现创意。

像"我的世界"一样玩乐高，不花钱，不占地，轻松快速搭建乐高模型 。

LDD、Mecabricks 和 LDraw 是 3 款得到官方或玩家认可的虚拟搭建软件，而玩转乐高虚拟搭建正是帮助你快速掌握虚拟搭建的高效指南，通过玩转乐高虚拟搭建有趣的讲解，你可以学到从安装、设置、寻找零件、调色、搭建、设置动作、渲染、生成、分享等一系列完整搭建模型全过程的技能，从而开启自己的创意搭建。

Copyright © Packt Publishing 2018.

First published in the English language under the title "Building Smart LEGO MINDSTORMS EV3 Robots：Leverage the LEGO MINDSTORMS EV3 platform to build and program intelligent robots"/byKyle Markland/ISBN：978-1-78847-156-5

This translation of *Building Smart LEGO MINDSTORMS EV3 Robots：Leverage the LEGO MINDSTORMS EV3 platform to build and program intelligent robots* first published in 2018 is published by arrangement with Packt Publishing Ltd.

This title is published in China by China Machine Press with license fromPackt Publishing Ltd. This edition is authorized for sale in China only，excluding Hong Kong SAR，Macao SAR and Taiwan. Unauthorized export of this edition is a violation of the Copyright Act. Violation of this Law is subject to Civil and Criminal Penalties.

本书由Packt Publishing Ltd 授权机械工业出版社在中华人民共和国境内（不包括香港、澳门特别行政区及台湾地区）出版与发行。未经许可的出口，视为违反著作权法，将受法律制裁。

北京市版权局著作权合同登记 图字：01-2018-3645 号。

图书在版编目（CIP）数据

玩转乐高 EV3：搭建和编程 AI 机器人/（美）凯尔·马克兰（Kyle Markland）著；孟辉等译. —北京：机械工业出版社，2019. 1

书名原文：Building Smart LEGO MINDSTORMS EV3 Robots：Leverage the LEGO MINDSTORMS EV3 platform to build and program intelligent robots

ISBN 978-7-111-61584-2

Ⅰ. ①玩… Ⅱ. ①凯…②孟… Ⅲ. ①智能机器人 – 程序设计 – 青少年读物 Ⅳ. ①TP242. 6 – 49

中国版本图书馆 CIP 数据核字（2018）第 278014 号

机械工业出版社（北京市百万庄大街22 号 邮政编码100037）
策划编辑：林 桢 责任编辑：间洪庆
责任校对：蔺庆翠 封面设计：陈 沛
责任印制：李 昂
北京瑞禾彩色印刷有限公司印刷
2019 年1 月第1 版第1 次印刷
210mm×226mm・9 印张・255 千字
标准书号：ISBN 978-7-111-61584-2
定价：69. 00 元

凡购本书，如有缺页、倒页、脱页，由本社发行部调换
电话服务 网络服务
服务咨询热线：010-88361066 机 工 官 网：www. cmpbook. com
读者购书热线：010-68326294 机 工 官 博：weibo. com/cmp1952
010-88379203 金 书 网：www. golden-book. com
封面无防伪标均为盗版 教育服务网：www. cmpedu. com